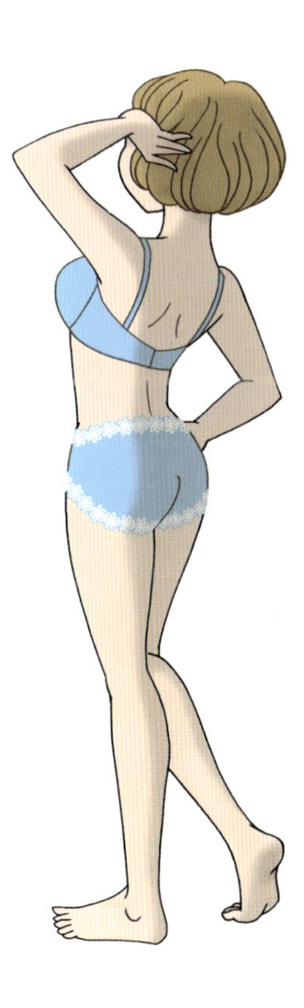

いつもの

体が変わる
すごい

〈美曲線下着コンサルタント〉
ウッズ・いずみ

WAVE出版

はじめに

この本を手に取ってくださってありがとうございます。
美曲線下着コンサルタント・愛される美ボディーデザイナーの
ウッズ・いずみです。
こうしてご縁をいただいたことに感謝です。

みなさんにとって、下着ってどんな存在ですか？
毎日、なぜ下着を着けていますか？

これは私が美曲線セミナーをするときにみなさんに聞いている質問です。

「考えたこともなかった」
「隠すため」
「着けるのがあたりまえで、ルーティーン」

というのがよく聞く答えなのですが、あなたの答えは、何でしたか？
もし、同じような答えだったとしたら、この本を通して、あなたの中の下着の存在が大きく変わると思います。
同時に、**女性としてこれからも生きていくあなたに希望が生まれる可能性が大**です。

私の下着もみなさんと同じように、デパートや路面店で買えるふつうの下着です（補整下着ではありません）。
私にとっての下着は、「日々、私を包み、美と健康を後ろ支えしてくれるもの」。
女性として豊かに生きたい私の「パートナー」という感覚です。

毎日の下着を体のパートナーにしてきたら、32歳から51歳の現在までの19年間、体形の悩みとほぼ無縁に生きてこられました（ちなみに、運動は苦手なのでまったくやっていませんし、食事制限もしていません）。

もしも、ブラジャーがこの世界から消えたとしたら、きっと私の姿勢は半年と経たずに崩れ、バストは下垂し、お腹はぽっこりし始め、お尻は下がり、健康問題も始まると思います……。

そのくらい、ブラの存在は人生の質に影響しています。

また、ほとんどの方が３６５日、お風呂のとき以外身に着けているショーツ。私だって、ショーツが体形に与える影響を知らずにこの年齢まで来たとしたら、お腹周りを気にするアラフィフだったと思います。

このように、私が一般的に40～50代で直面する体形崩れをほとんど感じずにこられたのは、間違いなく「知識」のおかげです。

補整下着メーカーの営業として、お客様の体に向き合うなかで得た「下着と体形の関係性の知識」。海外移住をきっかけに、その知識をふつうの下着にも活用できないかと考え、自身の体で実践した結果、**ふつうの下着で簡単に（がんばらずに）美ボディを磨ける「美曲線下着メソッド®」**が生まれたのです。

本書は美曲線下着メソッドの基礎となる「下着と体形の関係性」を捉えていただける内容になっていますが、ひとつお伝えしておきたいことがあります。本書でお伝えする内容には「あれ？　今まで聞いてきたことと違う」と感じることがあると思います。

たとえば、下着屋さんでしっかり測ってもらったブラを着けている方の場合、このメソッドの着け方をすると、そのカップにバストが収まらなくなることもあるのです。

お店の方が出してくださる下着のサイズが間違いってこと？　と思うかもしれません。でも、それは違う視点からアプローチしているということで、どちらが合っている、間違っているということでは決してありません。

本書によってあなたが手に入れるのは、**「新たな視点」**。

鏡の中のご自身に今よりにっこりできる未来を選べるようになるための、アプローチのオプションが増える本として読み進めてみてください。

体や下着の状態を「観察する視点」ができると、毎日鏡を見るたび、体に起こる下着の影響が見えるようになります。

下着によって引き起こされていた悩みの原因も見えるようになります。

そのうえで、美曲線下着メソッドの着け方を実践すると、今まで見えていなかったあなたの本来の美しさが見えてくるようになります。

新しいあなたではなく、「本来の」というのがポイントです。

もともとあなたの内側にあった美しさが可視化されるのです！

1グラムも変わらないのに変化が目に見えてわかるから、クライアント様には「いずみマジック」と呼ばれます。

さあ、本来の美しさを迎えに行く魔法のレッスン、始まります！

大事なのは体の声を聞こうとすること。そうしたら、体はあなたが興味を持ってくれたことに喜び、魔法がかかりやすくなりますよ。

では、さっそく始めましょう！

ズボラ主婦 きっちょむの 美曲線への道

きっちょむ
56歳
北海道の
片すみに住む
意識低い系
主婦

巻き肩
お腹のうきわ肉
二の腕タプタプ…
体形のお悩みは
数々あれど
まぁ、みんな
こんなモンでしょう?

はあ
でも
自分の
サイズ
わかってるし
本当に？
それって
いつ測った
サイズ？
おムネちゃん？
えーと…10年前？
バストの形
年々変わって
ない？
今の体に
ちゃんと合ってる
って自信ある？
着けてる
下着に
合わせて
体の形が
変わるって
知ってた？
ひぃぃぃぃ
じゃあ
もしかして
今の体形
トシのせい
だけじゃなくて
ぼよょ〜ん
諦めて
テキトーに
放置してた
自分のせい
……!?

私の
お胸ちゃん
ごめん
ね〜!!
うわーん
大丈夫
行くわよ
パチン!
え？
ここ
どこ!?

※カップから流れ出たお肉のこと

※きっちょむさんの体形の変化は106ページに掲載しています。

Chapter 1

毎日着けている下着が、いつのまにかボディラインを崩している？

Chapter

2

いつもの下着の着け方を変えるだけ！

Chapter

3

心地よくキレイになる！ 下着の選び方

Chapter

4

誰でも、いつからでも、自分の体形を好きになれる！

Chapter

1

毎日着けている
下着が、
いつのまにか
ボディラインを
崩している?

こんな症状ありませんか？ 下着と体形のお悩みチェック

次のチェックリストのお悩みに、思い当たるものはありませんか？
該当するものに☑をつけてみましょう。

- □ブラジャーのワイヤーが当たって痛い
- □ブラジャーのアンダー部分が上がってくる
- □胸と脇の間になぞのお肉がある
- □カップの中で胸が押しつぶされている
- □カップの中で胸が沈んでいる（隙間がある）
- □背中にアンダーバストを境にした段がある
- □ブラジャーの肩ひもがずれる
- □体重は変わらないのにズボンの太もも部分がキツくなってきた

□体重は変わらないのにジャケットの二の腕部分がパツパツに
□お腹がぽっこりしている
□腰のお肉が気になる
□以前に比べて、お尻が平らになった気がする
□気づけば猫背になってしまう

これらの症状は、着けている下着が体に合っていないときに出てくるサイン。1つでも当てはまった人は、下着の何かが体に合っていない……ということになります。

普段着けている下着が「バッチリ、自分に合っています！」と自信を持って言える人はどのくらいいるでしょうか。
「少しくらい苦しいのは仕方ない……」
「なんとなく違和感があるけど、放置……」
そんなふうに、どこか諦めてしまっていませんか？
合わない下着は、痛みや不快感といった感覚の問題だけでなく、胸が垂れる、

背中にお肉がつく、お腹ぽっこり、お尻が平らに……などのうれしくないボディラインの変化を引き起こしてしまう可能性が高いのです。

下着でボディラインが変わるって、それは着けている間だけの話でしょ？と思われるかもしれませんが、そうではありません。

詳しくは後ほどお話ししますが、下着はあなたのお肉を動かし、体形を変えていきます。

補整下着のお話ではありませんよ！

いつもあなたが身に着けている、一般のお店で売っている、ごくふつうの下着のお話です。

下着の痛みや不快感は、ただ「我慢すればいい」という問題ではないんです。

本当に心地いいブラとの出会いをあなたにも！

ブラジャーは苦しいもの、我慢して着けるものだと思っている人に、ぜひ体感してほしいのです。本当に自分に合っているブラって、心地よくバストを包み、支えてくれるのでむしろ「気持ちいい」ものだということを。

「世の中にそんなブラジャーがあるの？」と思われるかもしれませんね。

でも、外すことを忘れちゃう、休日でも着けたくなる、そのまま寝られちゃう。
それがワイヤーブラであっても、そんな1枚に出会うことは可能なんですよ。

この本では、うれしくないボディラインの変化をストップさせて、

- 胸を上向きに&サイズアップ
- 大きなバストもキュッとコンパクトに
- 二の腕ほっそり
- ウエストをキュッと女性らしく
- ぽっこりお腹をぺたんこに
- もっこりした背中をすっきり美背中に
- お尻をまあるく
- 太ももをスラリと美脚に

こんなうれしい変化を起こす下着の着け方や選び方をレクチャーしていきます。

食事制限も運動もストレッチも、必要ありません。下着を着けるだけなので、どんなズボラさんでも無理なくできる方法です。

ボディラインに悪影響を与えている
よくある「下着への思い込み」

日々たくさんの女性の体形のお悩みを聞き、そして実際に体に触れて、骨格やお肉のつき方、生活習慣を見つめている私からみなさんへ、「すごくもったいな〜い！」とお伝えしたいことがあります。多くの女性が「体形のためにはこうしたほうがいい」と思っていることが、実は悪影響を与えていることがあるんです。

よくある「下着への思い込み」には、こんなものがあります。

●「小さいサイズの下着を着ければ、体のサイズも小さくなっていきそう」

その女心はわかるけれど、小さいサイズの下着を着けることで、背中や太ももなど、よけいなところへお肉が流れてしまうこと（当メソッドでは「お肉の放牧（放牧ちゃん）」と呼びます）を加速させてしまいます。体形に合わない小さな下着を着けることは、実は体形崩れのレシピなのです。

●「押さえたり、締めつけたりすれば、体は細くなるよね？」

確かに、押さえたり締めつけたりすることで、お肉は動いていきます。でも、必ずしも思い描いていたように細くなるわけではありません。適切な位置にそのサポートがあってこそ効果が出るのです。

「下着はセットアップで揃えるのが常識！」

上下お揃いの下着のほうが見た目は素敵かもしれません。でも、セット売りの下着は、小さなショーツがセットされていることが多いのです。それを日常的にはき続けることで、下半身崩れの原因になる可能性大！

「下着は、気分の上がるデザインを選ぶ」

気分がよくなるのは素晴らしいこと。でも、サイズや形が体に合っていないと、後々、気分が下がるような体形になってしまう可能性も……。

「試着して買うのは面倒」

試着することに抵抗のある人、本当に多いんです。でも、そのときどきの体にぴったり合った下着選びが、理想的なボディラインをつくります。

「採寸すれば、適切なサイズが選べる」

きちんとサイズを測っているから大丈夫……本当にそうでしょうか？　人間の

体は三次元ですが、一般的な採寸は二次元的。本当の下着選びは、立体で見る必要があるんです。採寸していない部分にこそ、流動的なお肉があります。

「ブラは苦しい、痛いから着けたくない」

心地よくないものは着けたくないですよね。だからといって、ブラジャーをせず、カップつきキャミソールなどサポート力のないものを選んでいると、体形にはうれしくない変化が……。あなたはまだ、心地よくてボディラインがキレイになる、本当に合う下着に出会っていないだけ！

「ガードルをはいていれば、下半身は大丈夫」

ガードルをはけばＯＫと思っている人がいますが、形が合わないもの、消耗しているものを着ければ逆効果になってしまうことも……。

「補整下着を着ければ大丈夫」

ボディメイク力に優れた補整下着も、消耗していたり、体に合っていなければ意味がない可能性も。下着の形や引き上げ力がしっかり機能してこそポジティブな変化は起こります。

女性のボディラインが崩れやすいのはなぜ？

ここからは、女性の体形がどうして崩れてしまうのか、女性の体の特徴を見ながらお話ししていきたいと思います。

男性の体を「ガッチリしている」「たくましい」といった言葉で表現することがありますよね。この言葉には「かたい」というイメージがあると思います。

では、女性の体はどうでしょうか。「ふわふわ」「もちもち」など「やわらかい」イメージがありますよね。

もちろん個人差はありますが、男性の体は筋肉質でかたく、女性の体は脂肪が多くてやわらかいというのが一般的です。

では、やわらかいものの特徴はというと……。

❶ 力に弱く動きやすい

かたいお餅とやわらかいお餅、手で押してみるとどうなるでしょう？　かたいお餅は動きづらいのに対し、やわらかいお餅はプニッと簡単に動きます。

❷ 形が変わりやすい

かたいお餅とやわらかいお餅、型にはめて成形するとしたらどうでしょう？ かたいお餅が型にはまりにくいのに対し、やわらかいお餅は型にはまりやすく、型の形に合わせて変形します。

❸ 落ちやすい、垂れやすい

同じ質量の粘土とスライムでは、粘土のほうがかたく、スライムのほうがやわらかいですよね。この2つを同時に壁にくっつけたとしたら。やわらかいスライムのほうが先に重力の影響を受け、下に垂れるか、落ちるかします。

以上の例で示した「やわらかいもの」こそ、女性の体の特徴です。
そんな**女性の体のなかでも特にやわらかい場所は、脂肪が多い「胸」と「お尻」**。
そして、**胸とお尻にいつも接しているものこそ、下着**なんです。
だからこそ、下着選びに心を配る必要があるのです。

このようなお話をすると、「体のお肉は動かないと思ってた！」という人がいます。でも、体は全体が皮一枚で繋がっていますよね。その下にあるのは、お伝

男性
の
体
筋肉質
かたい

女性
の
体
脂肪が多い
やわらかい

＼やわらかいものは、／
・動きやすい
・形が変わりやすい
・垂れやすい

えした通りのやわらかな脂肪。
脂肪は動くということ、イメージしていただけたでしょうか？

たとえば、小さなショーツをはいていて、お肉がはみ出し、凹凸になってしまっていたとしたら……。動きやすく、変形しやすく、垂れやすい、そんなやわらかいお肉はどこへ行くでしょうか？
腰や太ももなど、周りのパーツへと移動するしかありません。
私は、本来あるべき場所とは違う場所に流れてしまったお肉を「放牧ちゃん」と呼んでいます（詳しくは32ページ）。

いつのまにか体形に悪影響を与える5つの要因とは？

女性の体形が崩れる要因は5つ。順に見ていきましょう。

❶ 重力

地球にいる限り、誰にでも平等にかかる力、重力。重力に引っぱられることで、胸やお尻が下がってしまいます。

❷ 老化

年をとると、ハリがなくなるといわれます。つまりそれは、やわらかくなるということ。たとえるなら、若いときはパンパンに空気が入ってふくらんだ風船。だんだんと空気が抜けていき、ふにゃふにゃになっていきます。やわらかくなるほど、力の影響を受けやすくなるというのは先ほどお伝えした通りです。

❸ 妊娠・出産／体重の変動

妊娠・出産で女性の体に何が起こるのか。こちらも風船を思い浮かべてみてください。妊娠・出産って、体に空気が入ったパンパンの風船のような状態から、一気にしぼむような状態になりますよね。一度もふくらませたことがない風船と、一度ふくらませたことがある風船って質感が変わっていませんか？
一度ふくらませると、質感がやわらかくなって、次は簡単にふくらみますよね。それは一度伸びてやわらかくなっているから。妊娠・出産するということはお肉がやわらかくなるということ。短い期間に、老化と同じ現象が起こるのです。
また、急激なダイエットを繰り返していると、お肉がやわらかくなって体形が崩れやすい状態になってしまいます。

❹間違った下着

これについては、このあとで詳しくお話ししていきますが、下着の選び方・着け方が間違っていると、体形は徐々に崩れていってしまいます。

❺姿勢

姿勢が悪いと体形に悪影響が出るということは、みなさんご存じだと思います。でも、どんな影響が出るかまではよく知らない人がほとんど。
猫背になるだけで、胸の上部がそげたり、背中にお肉がついたり、お腹がぽっこりしたり、お尻が下がったり……。そんな悪影響があるといわれています。

「間違った下着を着けていると姿勢が悪くなる」というように、❹と❺には相関関係もあります。

5つの要因は、世界中の人が共通して持っているもの。でも、これらは大きく2つに分けられます。それは、

❶❷❸は基本的に自分で選択できないもの。
❹❺は自分で選択できること。

下着と姿勢については、自分で行動することができる。意識して行動するか、しないか。それは当然、人によって大きな差が出てくる部分です。

下着はボディラインに「指令」を出している

下着は、着けている間中ずっと、ボディラインに「指令」を出しています。日中ずっと着けているブラジャー、そしてただのペラペラの布に見えるかもしれま

せんが、お風呂に入るとき以外は常に着けているショーツが体形に与える影響はとっても大きいのです。

先ほどのチェックリストの項目に心当たりがあるとしたら、下着が間違った指令……つまり、ボディラインが崩れてしまうような指令を出している可能性があるということ。すると、「放牧ちゃん」があちこちに出現することに！

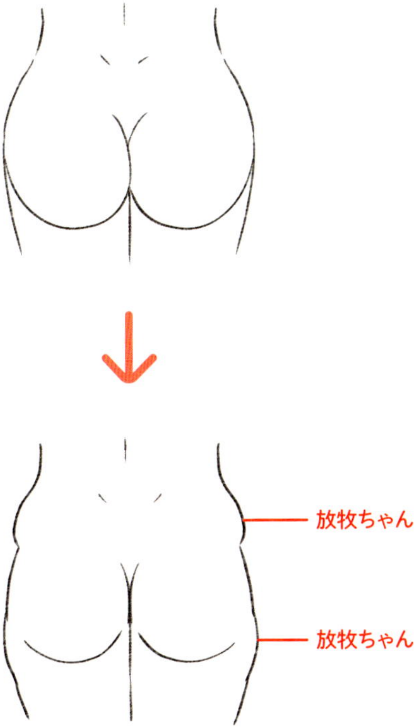

下着が出した「指令」により、丸いお尻がピーマンのような形になってしまうこともあります。

本来の場所へ帰れない……「放牧ちゃん」を救え！

先ほどから登場している「放牧ちゃん」という言葉。

これは、元々は胸だったり、お尻だったりしたのに、下着による間違った指令により、別の場所へと流れてしまい、戻れない状態になったお肉のこと。

胸から背中、二の腕、お腹へ。

お尻から腰、太ももへ。

「放牧ちゃん」は移動させられてしまっているのです。

美曲線下着メソッドは、「放牧ちゃん」を元の場所に戻してあげるもの。

でも、グイグイ、ゴリゴリと無理やり戻すわけではありません。あくまでも優しく、心地よく……。

理想のボディラインへと導く「ポジティブな指令」を出しながら、「放牧ちゃん」を導いていきます。

「放牧ちゃん」はどうやって生まれるのか、詳しくチェックしていきましょう。

「放牧ちゃん」が生まれるまで

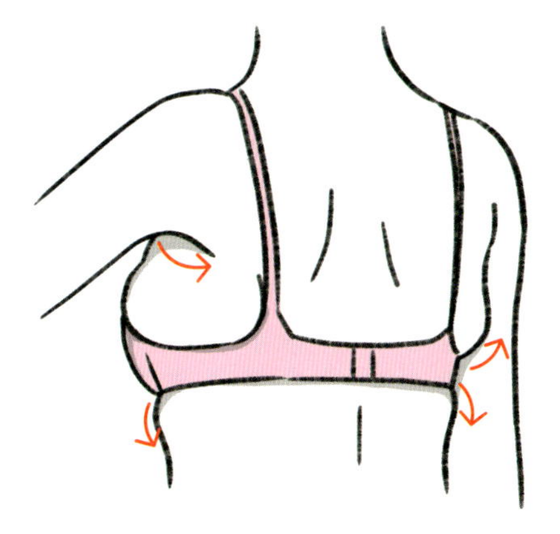

ブラジャーからあふれた胸のお肉は、体の後ろ側へ流れていく「放牧」の状態。後ろ側にたまったお肉がブラのアンダーバンドに押されて段をつくり、さらなる「放牧ちゃん」になります。

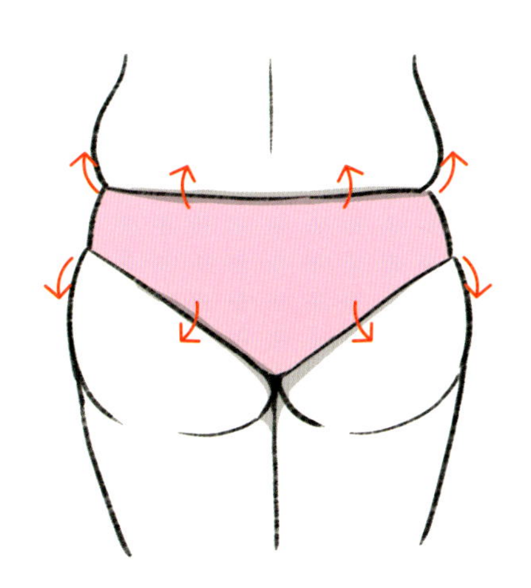

小さなショーツをはいていると、お尻のお肉がはみ出し、段をつくって「放牧ちゃん」になります。

体に合わない下着を着けていると体形はどうなっちゃうの?

小さな下着により、お肉がどう動いていくのか、
体形の変化を追いかけてみましょう。

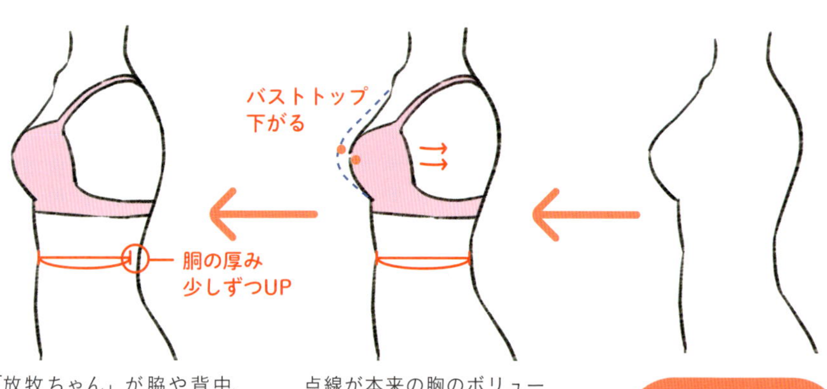

「放牧ちゃん」が脇や背中、胃のあたりにも広がっていき、体の厚みを増加させます。

点線が本来の胸のボリュームなのに、小さなブラを着けることでその圧が司令となり「放牧ちゃん」が発生。バストトップの位置も低下。

ブラジャーの影響

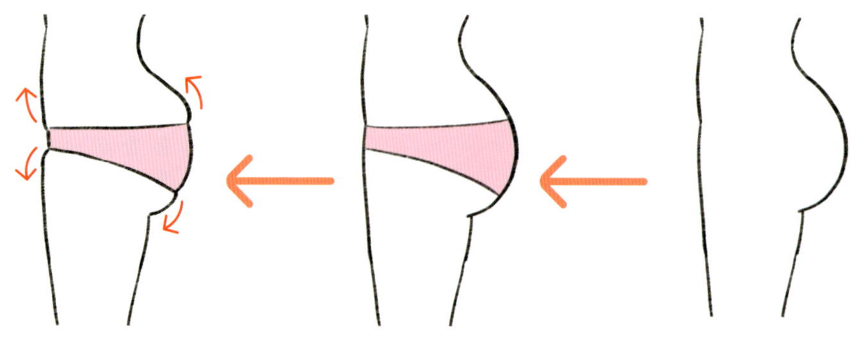

日々、食い込みが指令を発し、腰や太もも、お腹にも「放牧ちゃん」が押し出されていきます。

小さなショーツをはくと、お腹やお尻のやわらかなお肉はその瞬間から影響を受け始めます。

ショーツの影響

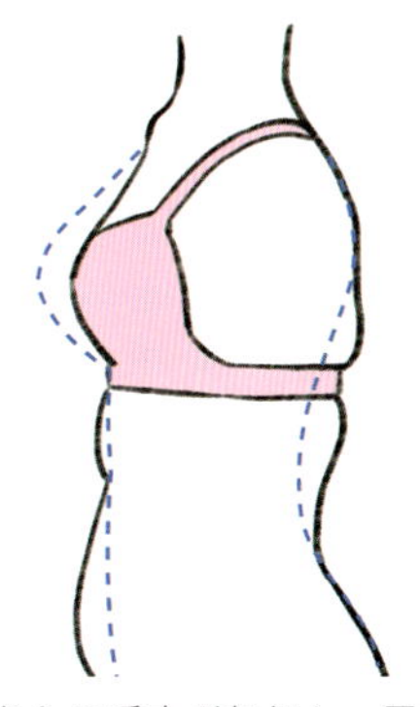

さらに重力が加担し、胃のあたりから下へとお肉が広がってお腹までぽっこりに。上半身全体のラインがこんなに変わってしまう。

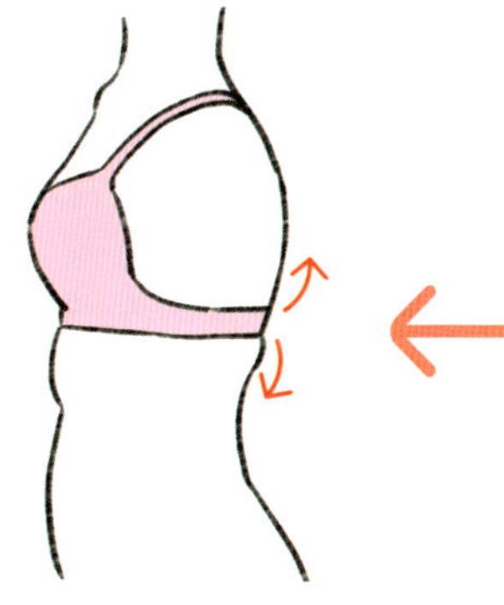

「放牧ちゃん」がさらに発生。最初は食い込んでいなかったアンダーが食い込み始め、背中がデコボコになってきます。

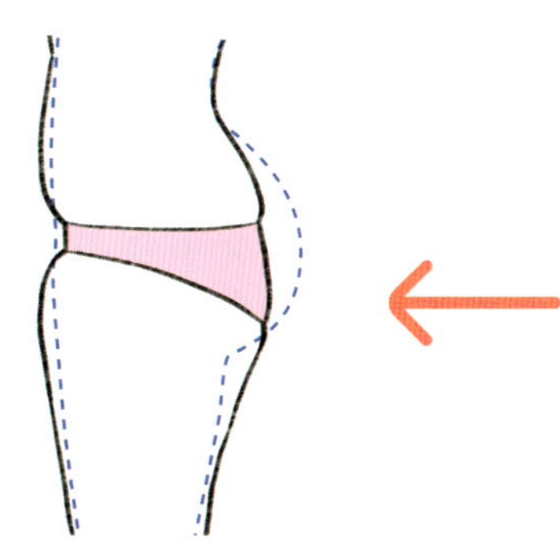

最初はプリッと丸かったお尻も、メリハリのない残念なヒップに。

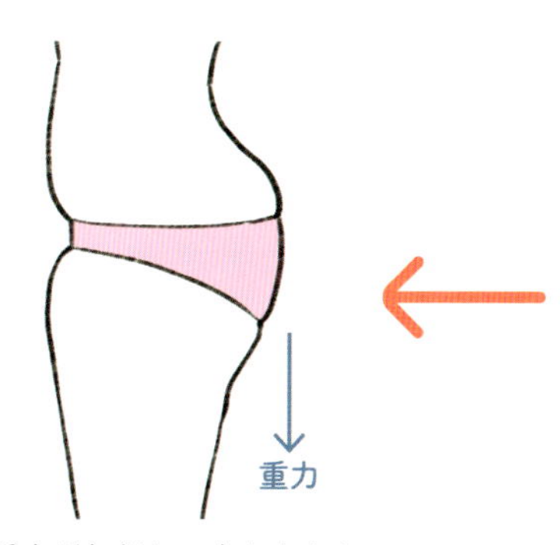

重力が加担し、太ももとお尻の境にもさらにお肉が流れていき、ヒップトップが下がりお尻は重たい印象に。

ブラジャーを変えると、姿勢が自然とよくなっていく！

姿勢によって見た目の印象が変わることは、よく知られていると思います。一説には、**姿勢がよくなるだけで、マイナス5歳に見えるとも、マイナス10歳に見える**ともいわれています。

でも、実は姿勢は見た目だけの話ではないんです。
猫背は、実際の体形にまで悪影響を及ぼしてしまいます。猫背でいると、

・バストの上部の丸みが減る
・背中にお肉がつく
・お腹がぽっこり
・お尻が下がる

など……。うれしくない変化ばかりです。これを知ると、猫背は絶対やめよう！と思いますよね。

ここで下着のお話です。

バストをしっかりと包み込めず、支えることができないブラジャーでは、バストが重力に抵抗しきれず、下に引っぱられてしまいます。すると、背中が丸くなる。つまり、猫背を助長してしまうんです。

老けて見えるだけでなく、実際、体形まで老けていく。

怖いですね！

でも、反対に**正しくバストを包み込み、支えてくれるブラジャーを着けると、姿勢が簡単に改善します。**

実際に、私のクライアント様の中には、ボディラインよりも、姿勢を改善したくて美曲線下着メソッドを始められる方もかなりいらっしゃいます。

しかも、うれしいことに即効性あり。

その方にぴったりの下着をお選びする際の試着の段階で、早々に実感していただくことが多いのです。

美曲線下着メソッドでは、**ボディラインが整う**こと、**姿勢がよくなる**こと、このダブル効果によって見違えるほど美しく輝くことができるのです。

カップつきキャミソール ってどうなの？

すっかりメジャーになったカップつきキャミソール。
ブラジャーの代わりに着けていて大丈夫？　その疑問にお答えします！

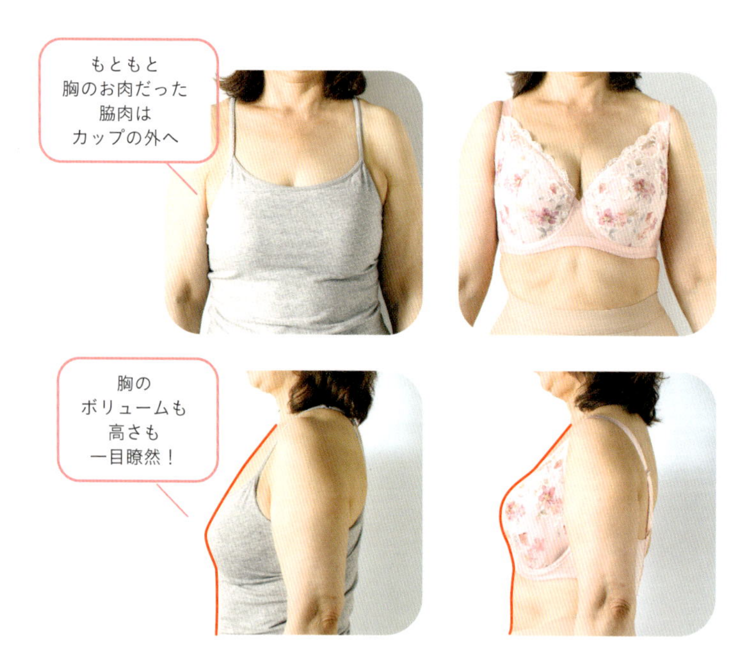

Column1

とにかく着け心地がラクだと人気のカップつきキャミ。テレビCMでも「これ1枚で出かけられる」とうたわれ、日常的に着けている人も多いです。「カップつきキャミってどうなんですか？」というご質問もよくいただくのですが、上の写真を見ていただくと、ブラジャーを着けたときとの体形の違いがよくわかると思います。胸を包み込む力も、支える力もほとんどありません！　バストトップの高さも一目瞭然ですよね。どちらがキレイな体形に導いてくれるかは、みなさんおわかりかと思います。

カップつきキャミが流行っているのは、合わないブラジャーによる痛みや不快感から解放されたいという女性たちの気持ちの表れかもしれません。そんなみなさんに、ぜひ、自分にぴったり合ったブラジャーに出会っていただきたい！　カップつきキャミよりずっと快適で、ずっと安心感のあるブラに、あなたも出会えますよ！

Chapter 2

いつもの下着の着け方を変えるだけ!

ふつうの下着でOK！「着け方」を変えれば体形が変わる！

着けている下着の形によって、体形が変わっていくこと、ご理解いただけたでしょうか？

「どんな下着を選ぶか」はもちろん大切ですが、たとえ下着の形が体に合っていたとしても、「着け方」が間違っていては、理想の体形へのボディメイクは叶いません。

そこで、この章では、美曲線ボディへと導く下着の着け方をレクチャーしていきます。まずはお手持ちの下着で、この着け方を実践してみてください。

きっと、**同じ下着とは思えないほどの変化**を感じていただけると思います。

もしも今着けている下着でやってみて、痛みがあったり、不快感があったりと、明らかに違和感を感じるなら、次の章を参考に下着を選んでから、この章の着け方を改めてやってみてくださいね！

まずは鏡の前で下着姿になり、ブラジャーのカップの位置をチェックしてみましょう。

いつもどの位置にブラジャーを着けていますか？

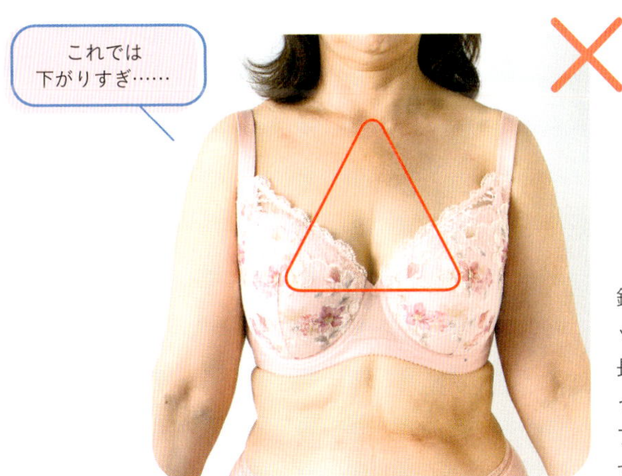

鎖骨の中心とバストトップを結んだ線がタテ長の**二等辺三角形**になっている。これだと、ブラジャーの位置が低すぎ！

ゴールデン・トライアングル・ポイント（GTP）に合わせて着けるのが正解！

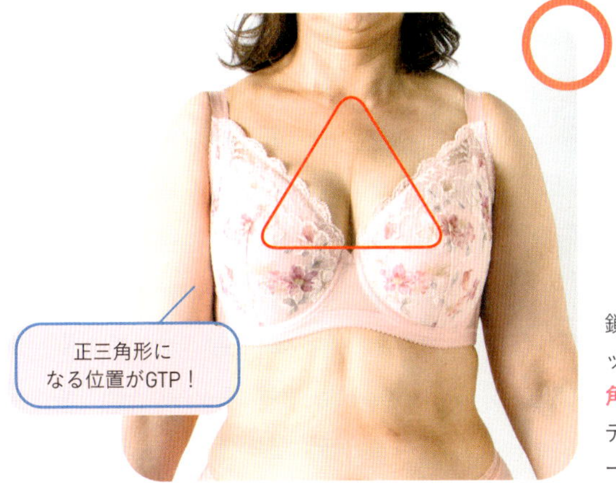

鎖骨の中心とバストトップを結んだ線が**正三角形**に。これが、美ボディに近づくブラジャーの高さです。

バストを持ち上げてみよう！

下がったバストを…

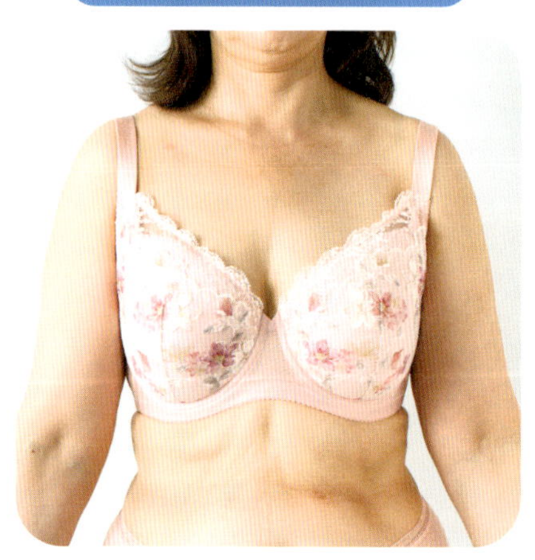

GTPに持ち上げてみると…

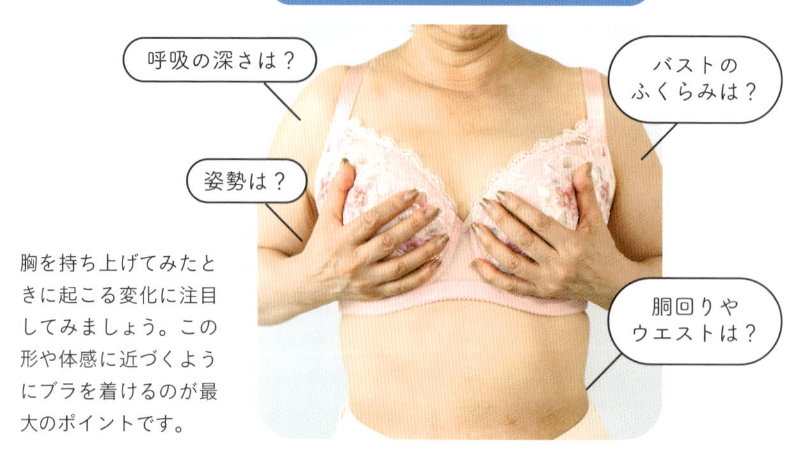

胸を持ち上げてみたときに起こる変化に注目してみましょう。この形や体感に近づくようにブラを着けるのが最大のポイントです。

ブラジャーは「胸の棚」支える力を最大限に発揮させて！

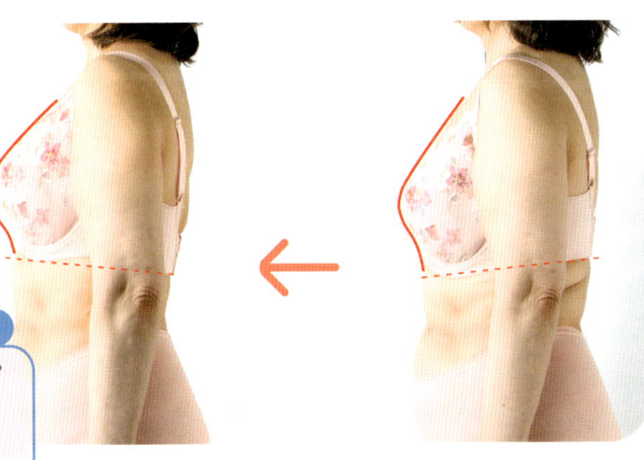

声を大にして言いたいのが、「ブラジャーを着ける位置が低すぎる人が多い！」ということ。これまでたくさんの女性を見てきましたが、ブラジャーは「胸を隠すもの」「胸に当てるもの」といった認識の方、本当に多いんです。

その認識をぜひ、変えていただきたいと思います。**ブラジャーは「胸を包み込み、支えるもの」です。**

着ける位置が低すぎると、その役割を果たすことはできませんよね。

「ブラジャーは胸の棚」だと考えてみましょう。胸を支え、収めてくれる棚。どの位置に棚があれば、胸がきれいに見えるGTPをつくれるか、チェックしましょう。

いつもの下着でやってみよう！ブラジャーの着け方

普段なんとな〜く着けている人は必見。
着け方を見直すだけで、見た目も着け心地も変わります！

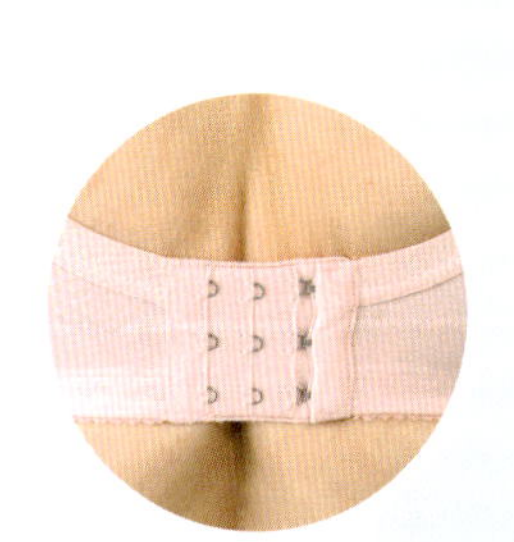

ホックは基本的に、まず外側（一番ゆるくなるところ）で留めてみましょう。そこから、必要に応じて内側にしていきます。

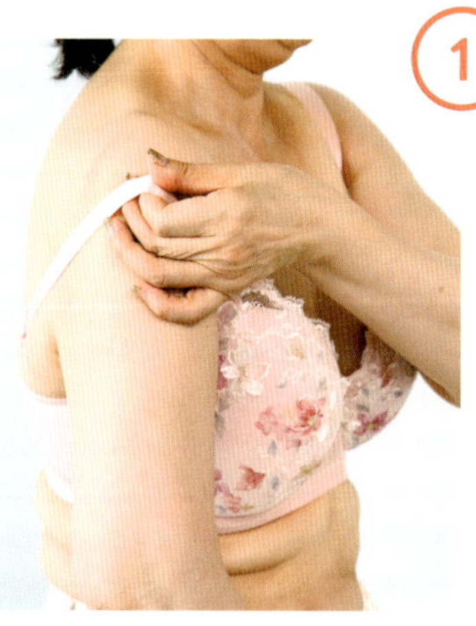

① ホックを留め、腕を入れる

後ろに手を回してホックを留めても、前で留めてブラジャーをぐるりと回してもOK。ここまではやりやすいやり方で。

② カップを持ち上げて位置を確認

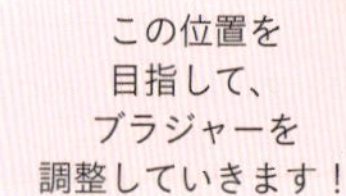

まずは鏡の前に立ち、カップを両手で包み込み、持ち上げてみましょう。41ページでお話しした、ゴールデン・トライアングル・ポイント（GTP）の位置を目標として確認します。

「ワキピタ」で脇のお肉をカップに収める

カップの内側から手を入れて、脇のお肉をカップの中へ引き寄せます。

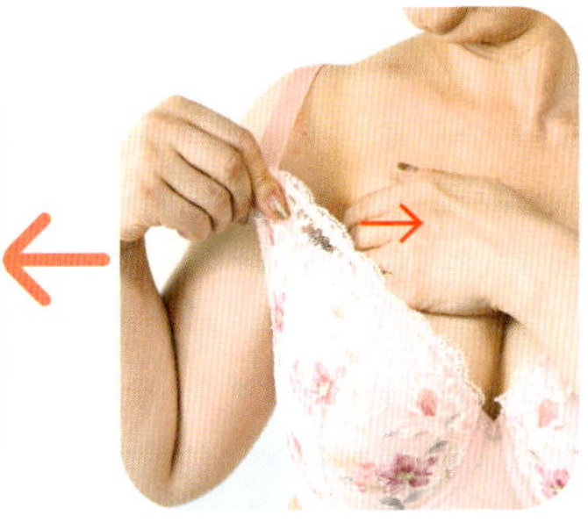

脇のお肉を引き寄せたまま、反対の手で肩ひものつけ根をしっかりつまみます。つけ根をグッと引き上げたら、テンションを保ちながら肩の頂点までつまんだ手をまっすぐ上にスライドさせます。

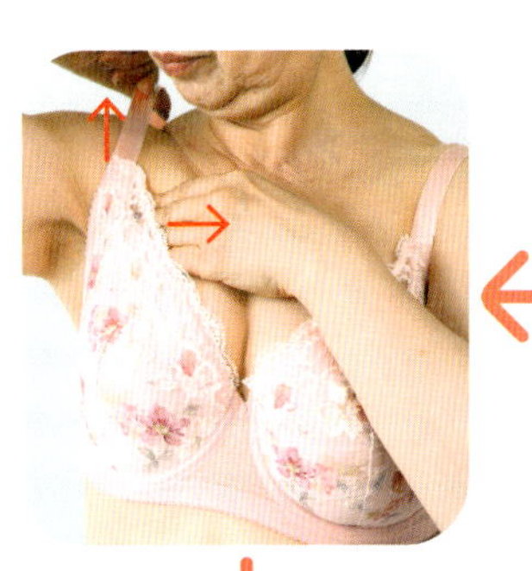

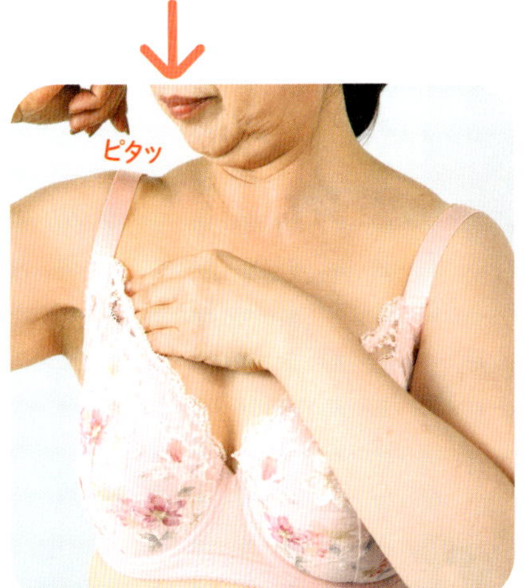

「ワキピタ」で、脇と胸の間にある
窓を閉じるイメージ。
胸のお肉が脇に
流れるのを食い止めます！

耳のタテラインの位置まできたら、手を離します。脇のお肉を引き寄せていた手もそっと離し、「ワキピタ」完了です。反対側も同じように行いましょう。

肩ひもの調整をするときは

片側だけ調整したところ

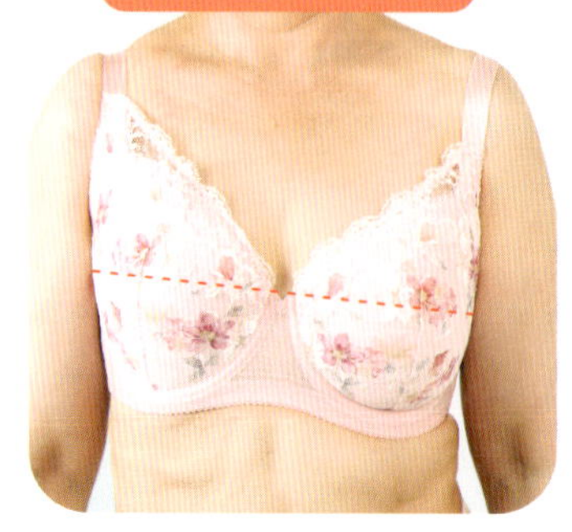

必要に応じて肩ひもの調整をしていきます。片側だけ調整してみると、バストトップの高さの違いが一目瞭然。長すぎるとGTPを保てません。

アジャスターが後ろにあるときは、一度脱いで調整。もう一度前ページの「ワキピタ」をして長さを確認します。

両方の調整をしたところ

両方の肩ひもを調整し、GTPに近い位置までバストトップが上がりました（この後の工程でさらに上がります）。

長さの目安は…

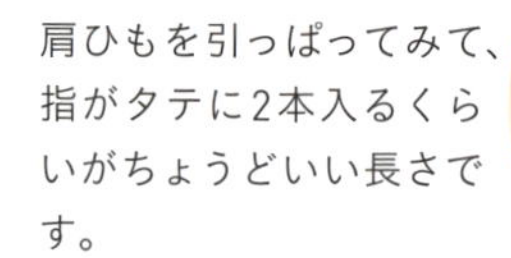

肩ひもを引っぱってみて、指がタテに2本入るくらいがちょうどいい長さです。

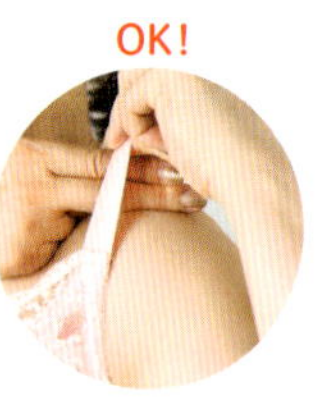

肩ひもが長すぎるサイン

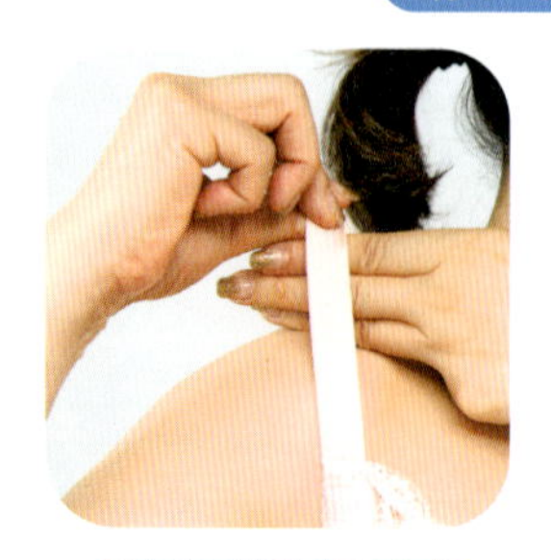

指が3本以上入る

肩ひもを引っぱってみて、指がタテに3本以上入ったら長すぎ！

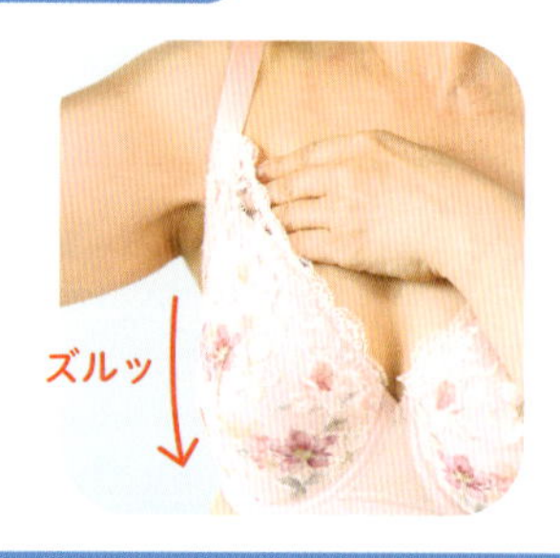

「ワキピタ」でカップがずり下がる

前ページの「ワキピタ」で肩ひもを放したときに、カップがズルッと下がったら長すぎ！

後ろを下げて「前上がり」にする

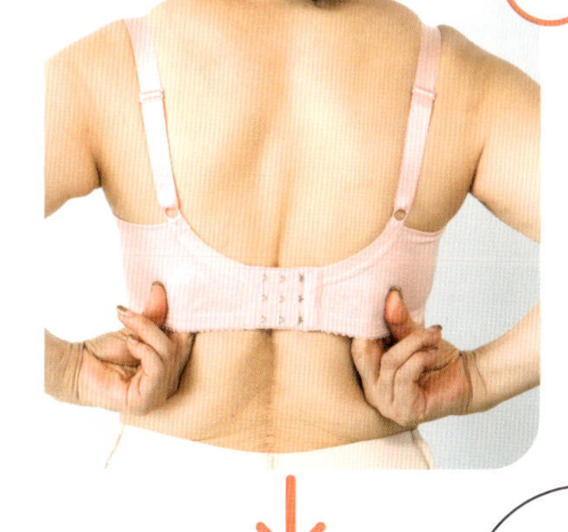

肩ひもの調整をした場合は、もう一度「ワキピタ」をしてください。背中に手を回し、肩甲骨の真下あたりのバックベルトを両手でつまみます。両手を下にグイーンと引っぱってバックベルトを下げます。

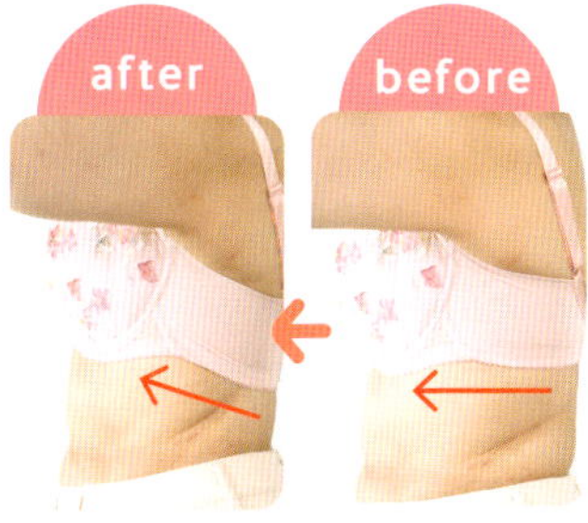

横から見ると…

引っぱったあとは、横から見ると前上がりになっているのがわかります。

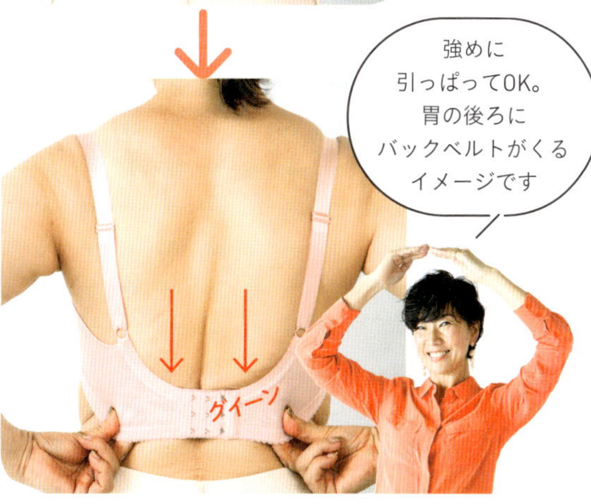

バストトップが上向きに

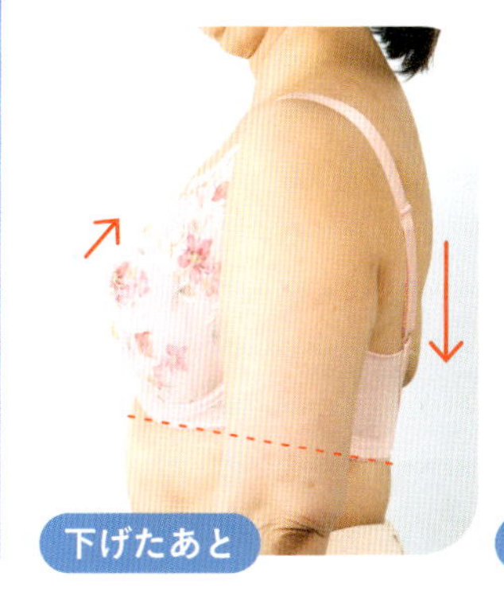
下げたあと

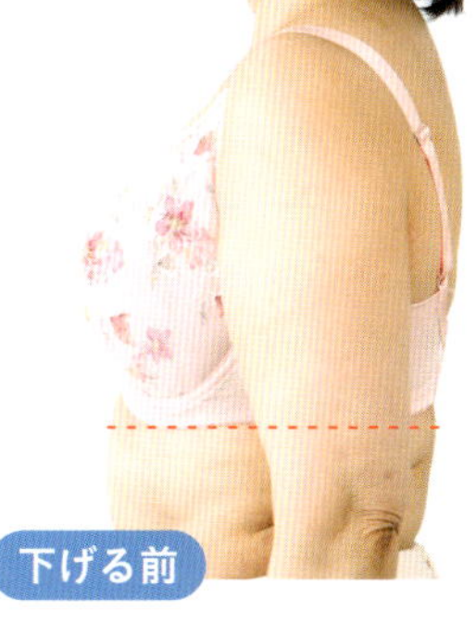
下げる前

バックベルトを下げると、テコの原理が働き、前が上がってバストトップが上向きになります。

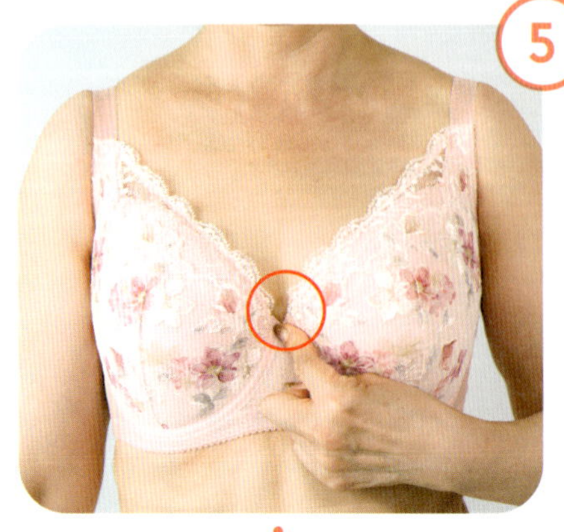

5 胸入れをする

胸の大きさに左右差がある場合は、小さいほうから胸入れをしていきます（大きいほうから入れると、中心がずれてしまい、さらに大きさに差がついてしまうことがあります）。まずは胸入れする側のワイヤーの内側の端をピンポイントで押さえます。

反対側の手をカップに入れ、指で優しくかき寄せながら、ワイヤー周辺のお肉を優しく集めていきます。ワイヤーに沿って手を動かしていきましょう（指の動きは左ページで解説）。

ワイヤーを押さえる手はそのまま。指1本で軽く押さえる程度でOK

グイグイと力いっぱいお肉をかき集めるのはNG。“お胸ちゃん”の気持ちになって、優しくお肉を集めてあげましょう

胸入れの注意

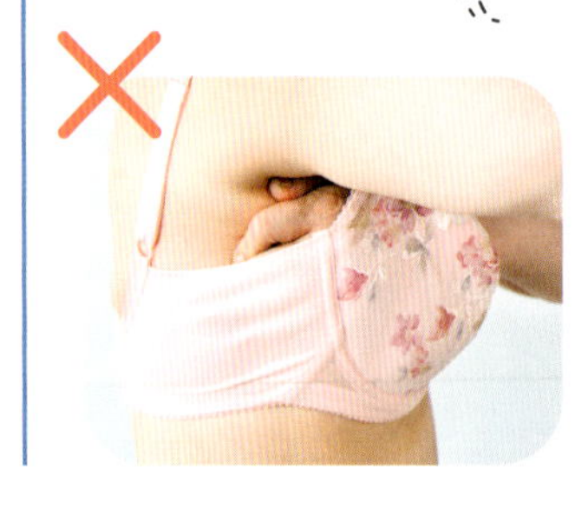

ワイヤーの外に指を出さない

指を動かすのはカップの中だけ。ワイヤーからはみ出してお肉を集める必要はありません。手を奥に押し込むことにより、GTPにセットしたブラがずれてしまいます。

お肉の集め方

※カップの上で解説していますが、実際はカップの中での指の動きを示しています。

まずは外側から

時計でいう3時から7時の位置に向かって、胸入れをしていきます。

指を小刻みに動かしてワイヤー周辺のお肉を中心に集めます。グイグイと力を入れる必要はありません。優しく優しく……。

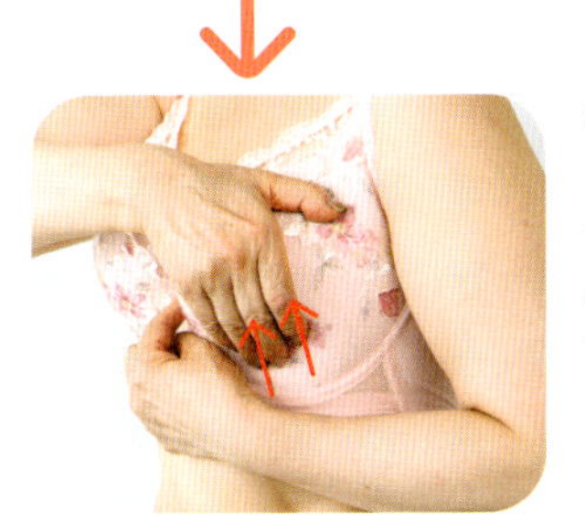

かき入れる位置を下へ移動させていきます。どの位置でも、ワイヤーから指ははみ出さず、カップの中だけで指を動かします。

次に内側を

時計でいう7時から9時の位置に向かって、同様に胸入れをします。

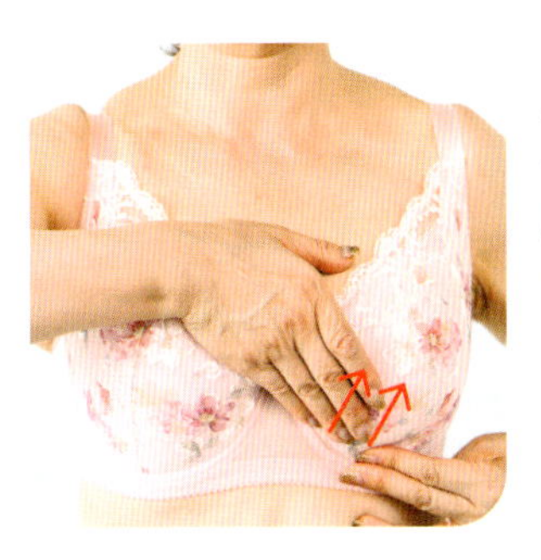

ワイヤーを押さえていた手を少し下へ動かし、ワイヤー下部を軽く押さえます。胸の内側のお肉をカップの中に引き入れましょう。

▶ 反対側も同様に胸入れしていきます。

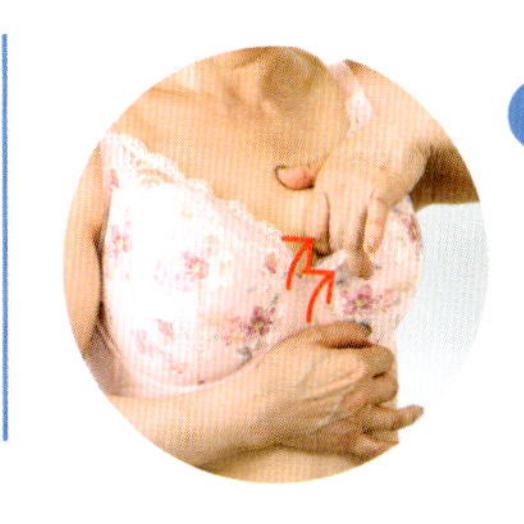

手を入れ替えてもOK

入れにくい場合は、手を入れ替えて、胸入れしている側の手でお肉を引き入れてもOKです。

「ワキピタ」と
「後ろを下げる」は
必ずセットで行います。
覚えておいてくださいね!

⑥ 「ワキピタ」&後ろを下げる&指入れ確認

最後にもう一度「ワキピタ」をし、バックベルトをグーッと下げたら、ベルトのゆるさを指入れ確認します。

後ろを下げる

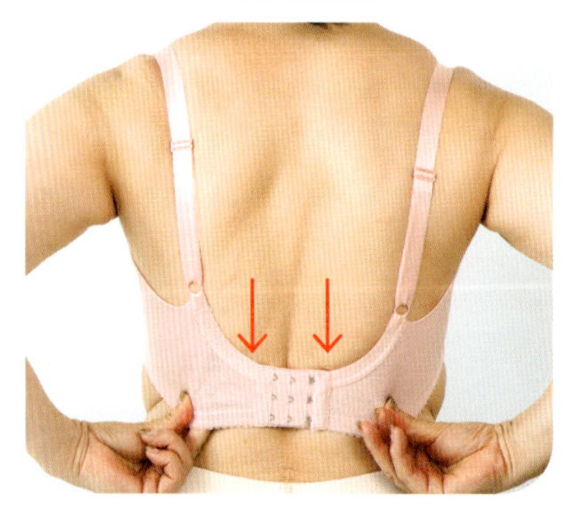

両手で肩甲骨の真下あたりのバックベルトを持ち、胃の後ろまで下げます。横から見ると「前上がり」のラインになります。

ワキピタ

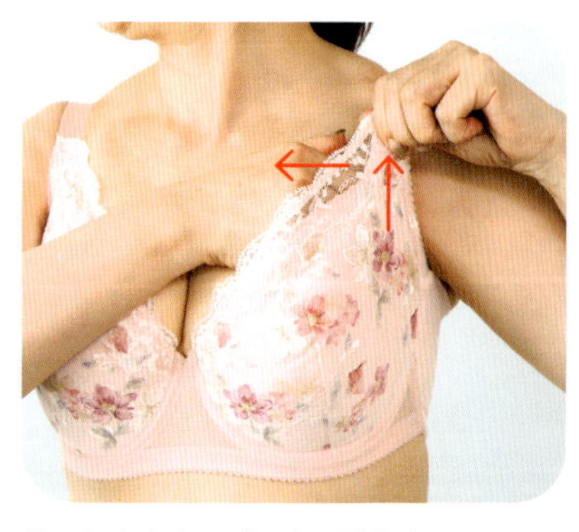

脇のお肉をカップの中へ引き寄せ、ストラップの根元を持ちます。

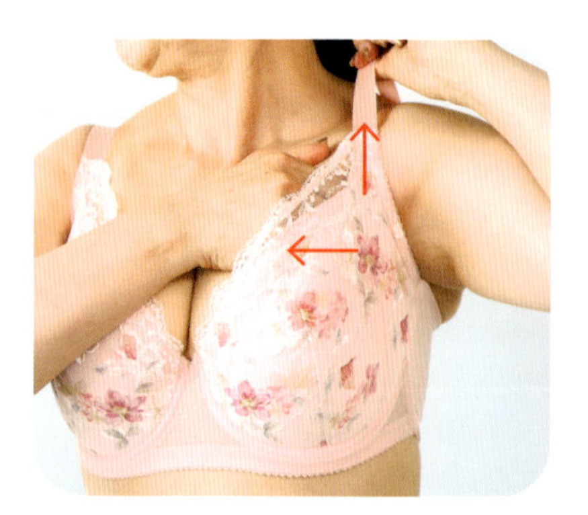

肩ひもを上に引っぱりながら上にスライドし、耳のタテラインで手を離します。

指入れ確認

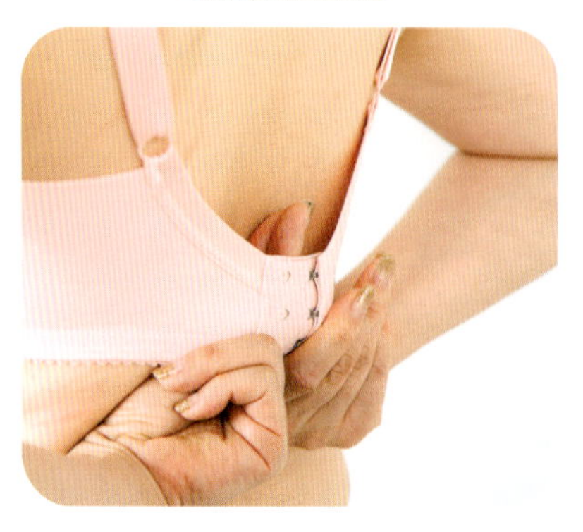

後ろに指を入れてゆるさを確認。指がタテに2本入るくらいがちょうどいい具合です。

「ブラジャーの着け方」完成

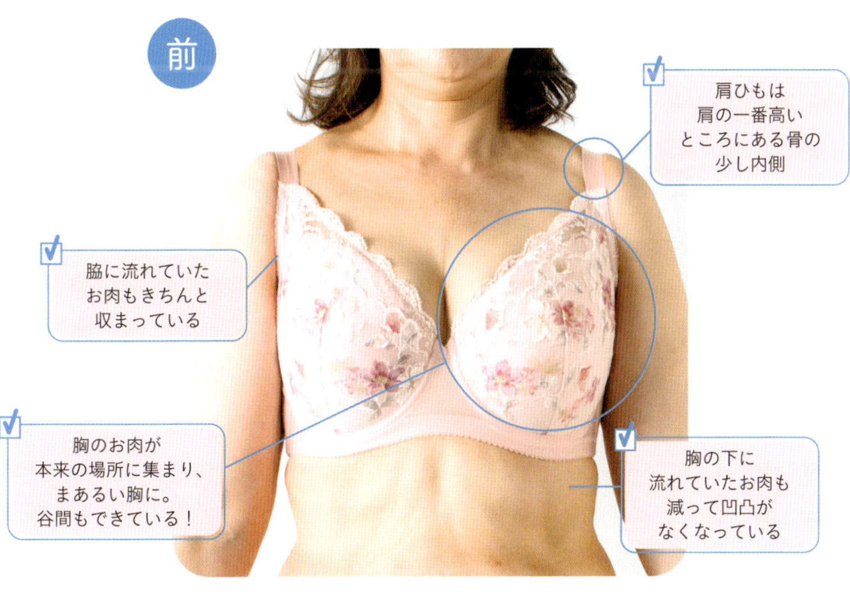

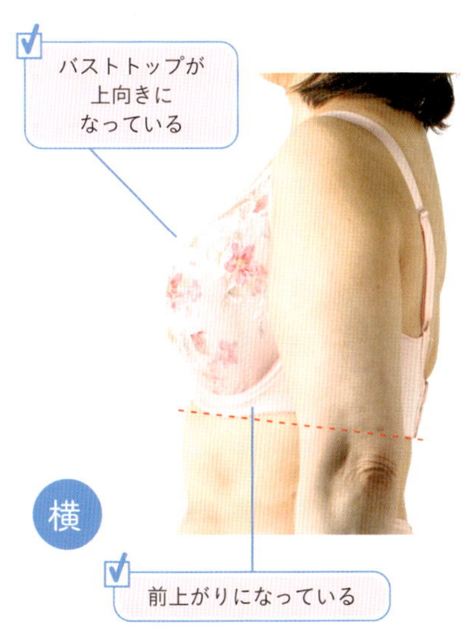

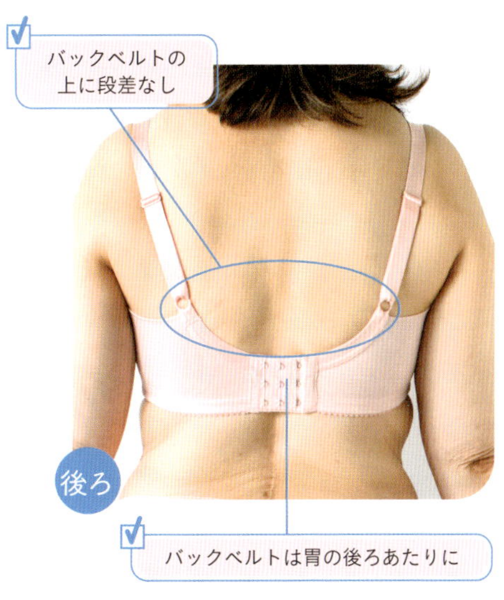

「着け方」だけでこんなに変わった！

着け方のモデルをしてくれたMさん。
自己流で着けた「**before**」と美曲線下着メソッドでつけた「**after**」の違いを比較してみましょう。

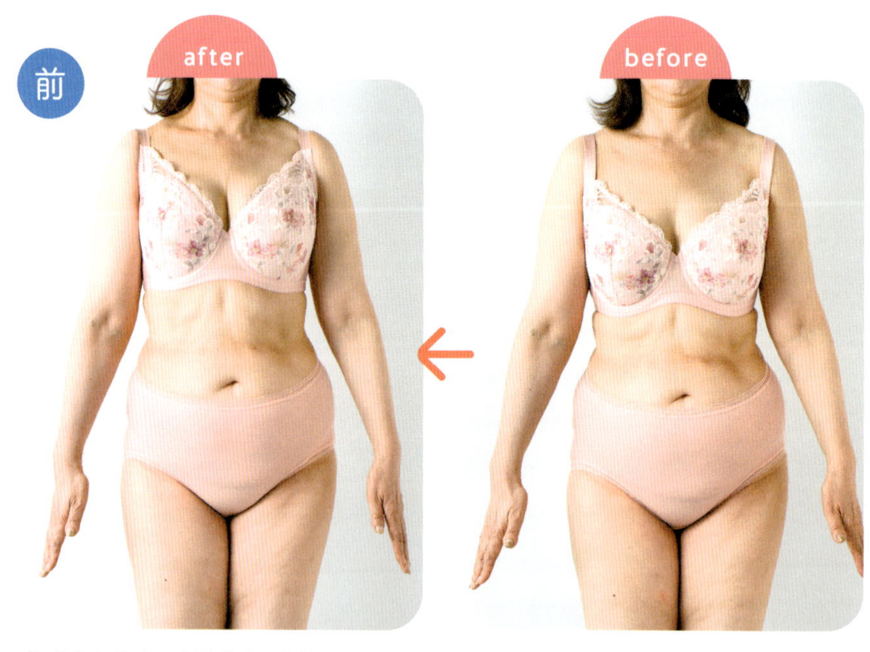

胸がまあるく、谷間がくっきり！　胸の下に流れていたお肉も減ってなだらかになりました。

モデルMさん（56歳）の感想

近頃は下腹部の脂肪のつき方が気になっておりました。いずみ先生に着け方を教わり、実践してみると、見た目も着け心地も大きく変わって驚きました。ウエストのお肉が減ってなだらかになり、服を着た感じもすっきり。ブラジャーの着け心地もとってもいいです。これからは、いずみ先生に教わった着け方で毎日過ごしたいと思います。

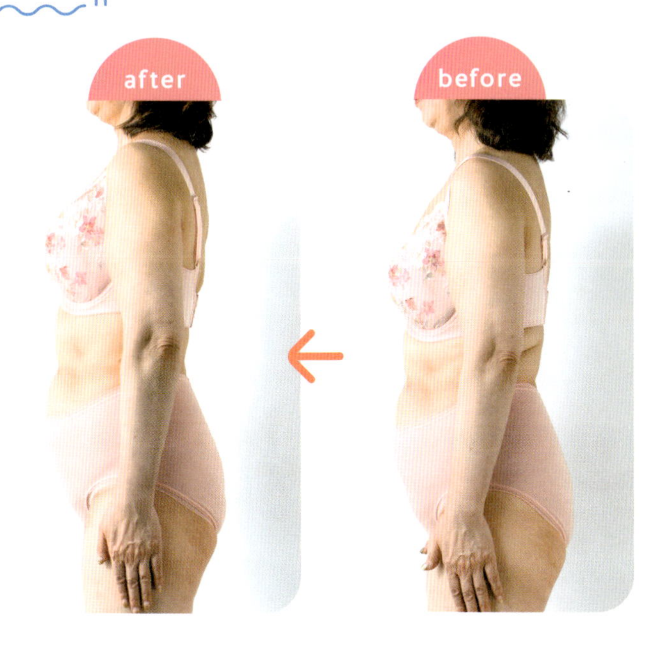

横

バストトップの高さがアップ。胴回りのお肉が減ってすっきりしました。

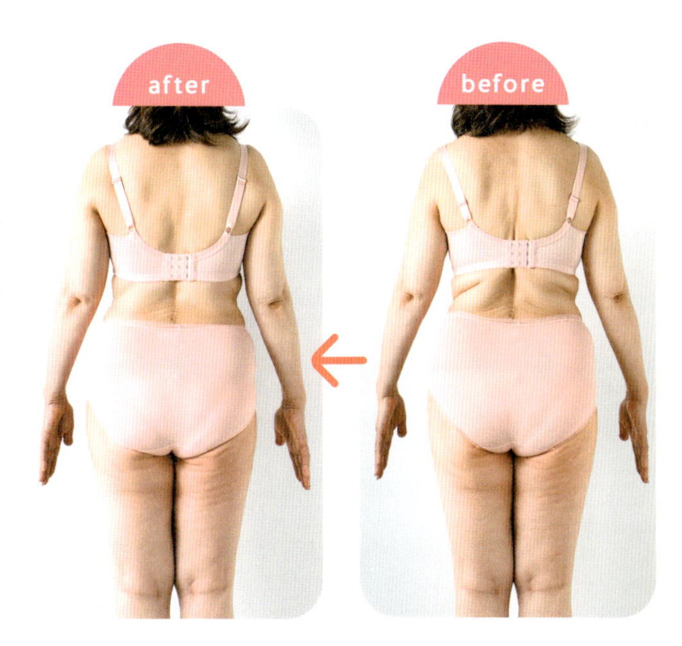

後ろ

腰の上にあったうきわ肉が減ってすっきり。背中のお肉もなくなり平らになりました。

ブラジャーの着け方お悩み Q&A

本書の方法でブラジャーを着けてみても、違和感が出てくることもあります。
よくあるお悩みにウッズ・いずみがお答え！

Q 日中、ブラジャーが上がってくるような感じがして気になります。

A アンダーがゆるい可能性があります。

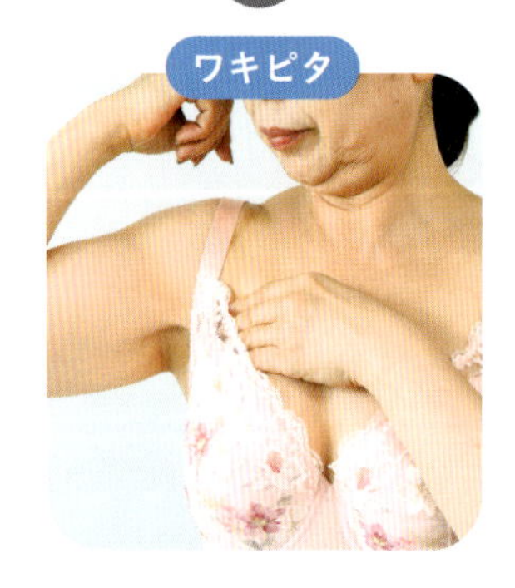

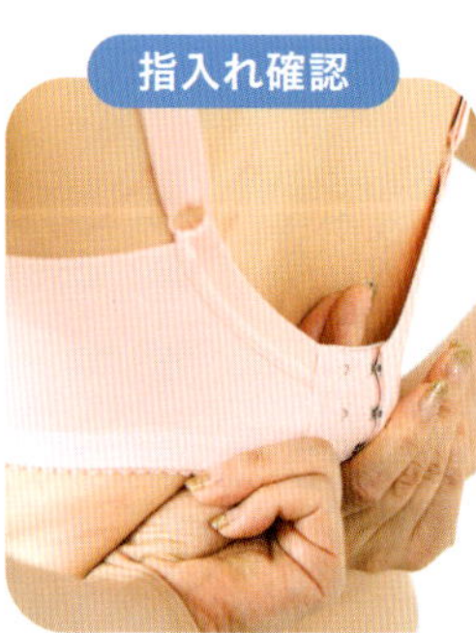

もう一度胸入れをし、「ワキピタ」と後ろを下げる工程までやり、指入れ確認しましょう。後ろは指がタテに2本入るくらいがちょうどいい締め具合です。改善されない場合は、ホックを1つ内側にしてキツくしてみましょう。

Q 肩ひものつけ根あたりが、お肉にこすれて痛いです。

A 一時的に肩ひもをゆるめて様子をみましょう。

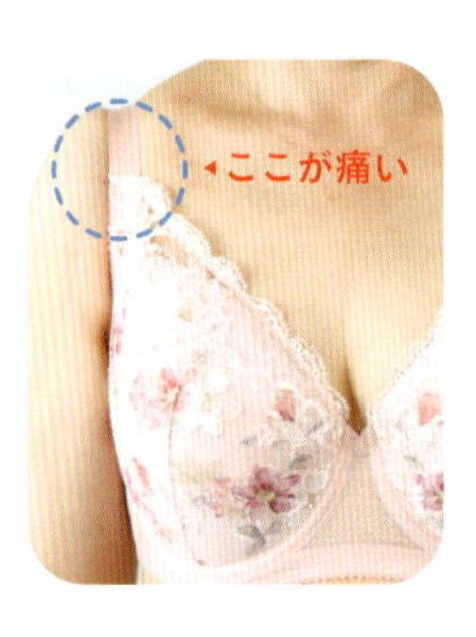

本書の方法で着け始めた頃、とくに脇のお肉が多めの方に現れることのある症状です。日常生活の中で、こまめに「ワキピタ」をしてお肉をカップの中に入れてあげましょう。少しずつ改善していくと思います。痛みが気になるときは一時的に肩ひもをゆるめてもOK。違和感がなくなったら、正しい長さに調節してください。

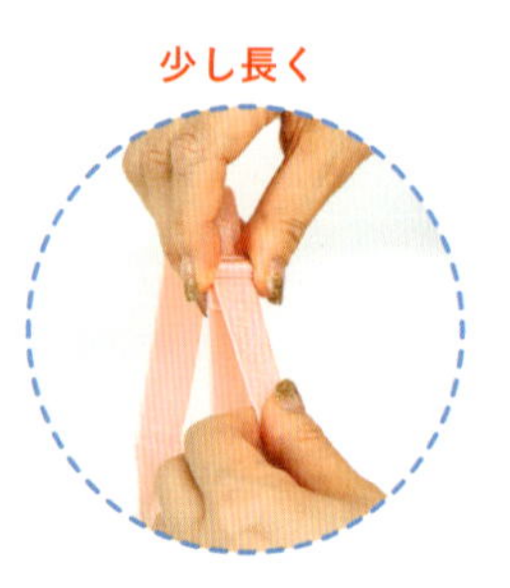

Q 肩ひもが肩から下がってくる……どうしたらいいですか？

A 肩ひもの長さを再度チェック。
もしかしたら、ワイヤーの幅が広すぎるかもしれません。

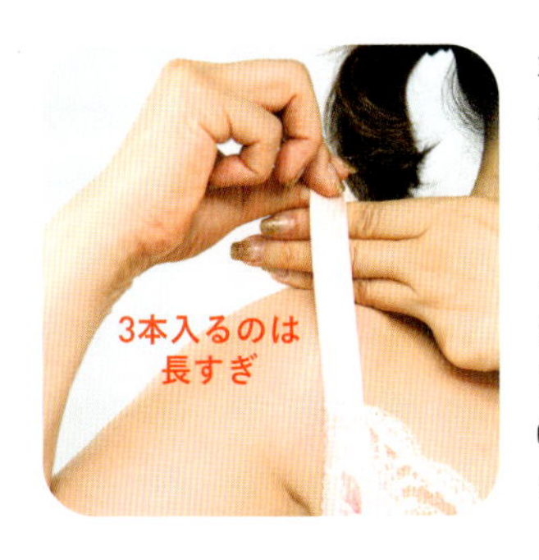

カップはGTPにあり、「ワキピタ」をしたときに肩ひもの長さが肩から指がタテに2本以上空くようなら、肩ひもが長いのが原因でしょう。改善しない場合は、ブラジャーのワイヤーの幅が体に対して広すぎるのかも。その場合はChapter3を参考にブラジャーを選びましょう。

少し短く

Q 左右の胸でフィット感が違うような気がします。

A 胸の大きさが違う可能性大。
着け方にひと工夫しましょう。

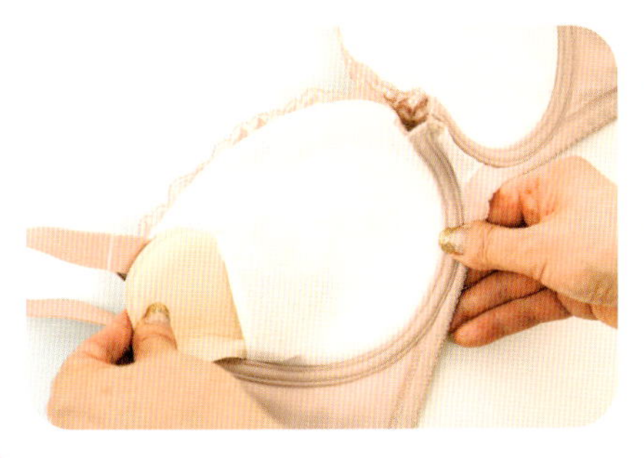

ご自身でも気づいていないけれど、胸の大きさが違う人、けっこう多いんです。着け方を見直したことで、違いが気になり始めることも。胸入れは小さいほうからやることが大事。また、小さいほう→大きいほうの順に胸入れしたあとに、もう一度小さいほうを胸入れするのも効果的です。小さいほうにパッドを入れるのもよい方法です。

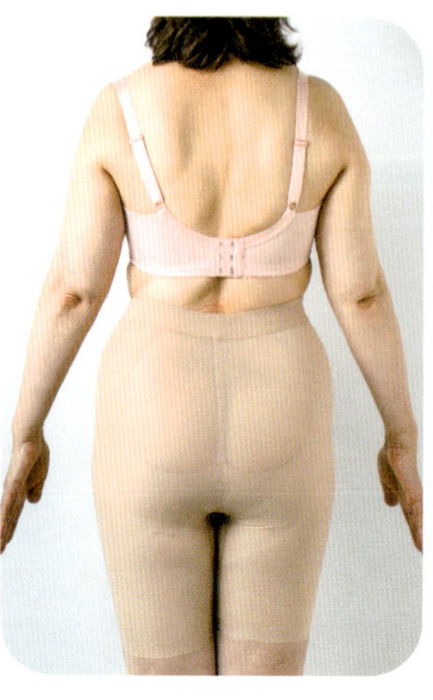

ガードルは必ずはかなければいけないわけではありません。ブラジャーの着け方を変えるだけでも、お腹や腰回りが変わってくるので様子を見ながら始めてください。

ショーツとガードルはサイズ選びが超大事！

ショーツとガードルについては、ブラジャーのように細かい「着け方」はありません。大事なのは、余計な食い込みをつくらないこと。つまり、サイズや形の選び方が命。

ブラジャーとセット売りしているショーツを何も考えずに選んでいるとしたら、危険です。セット売りのショーツは小さいことが多く、ハミ肉や余計な食い込みの原因に……。

とくにガードルは、補整効果を期待して窮屈なものを選んでしまいがち。食い込みができやすいので注意してくださいね。サイズや形を選んだうえで、左ページのポイントをチェックしてください。

ガードルをはくときのポイント

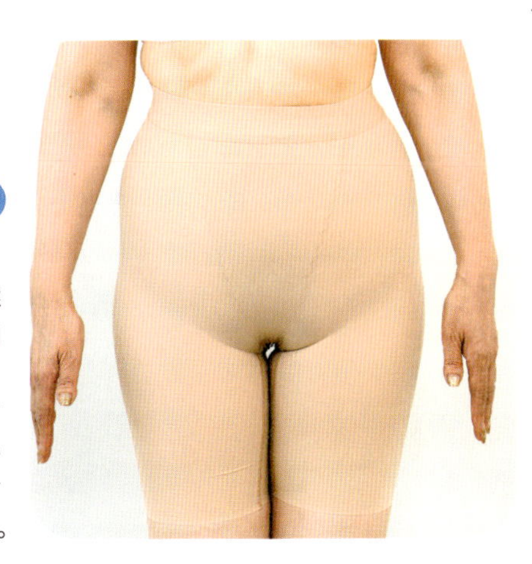

ウエストまで上げる

ガードルは必ずウエストまで深さのあるものを選び、下腹部やお尻のお肉をすっぽりと包みましょう。ウエストまで上げてはかないと、余計な食い込みができて体形を崩す原因になってしまいます。

ここが
気になる

流れているお肉を中心に集める

気になる部位によって、集め方が変わってきます。その場所に狙いを定め、かき集めたお肉をお尻の中心に集めるようにしましょう。

※ガードルの上で解説していますが、実際はガードルの中での手の動きを示しています。

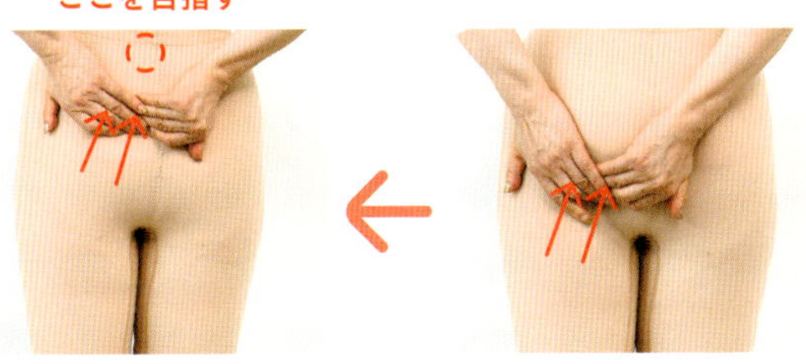

体の凹凸がなくなると こんなにキレイに見えます！

モデルMさんが自己流でつけた「**before**」（ガードルなし）と、
同じ下着を美曲線下着メソッドでつけた
「**after**」（ガードルあり）を着衣の状態でチェック！

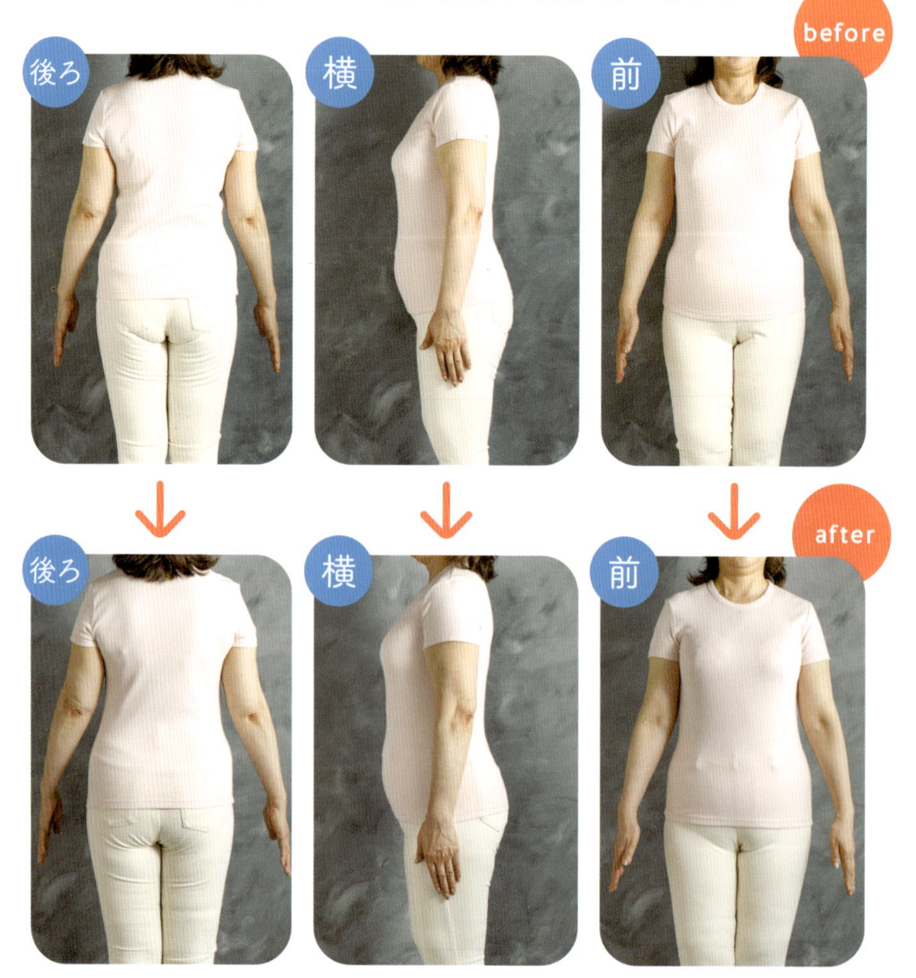

全体的に、余計な凸凹がなくなってすっきり！　バストの位置が上がり、姿勢もよく見えます。

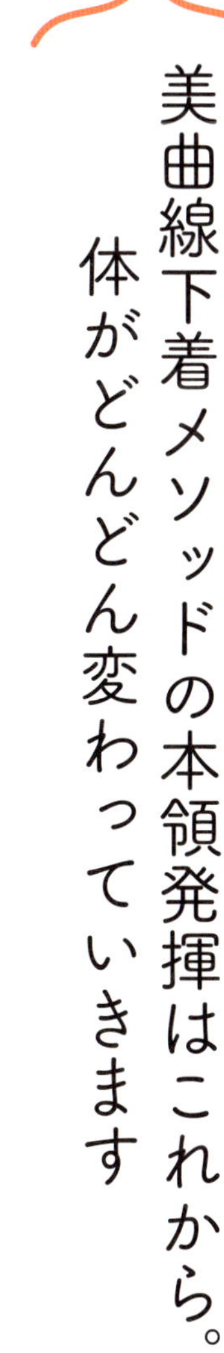

美曲線下着メソッドの本領発揮はこれから。体がどんどん変わっていきます

1グラムもやせずに、下着の「着け方」だけで体のラインが変わること、実感していただけたでしょうか？　でも、これで終わりではありません。

体は、着けている下着の形に変化していきます。毎日、どんな下着を、どう着けるかがとっても大事なんです。今日、あなたにフィットしている下着も、数カ月後には合わなくなってきます。

だから、普段から自分の体と対話する習慣をつけてほしいのです。下着の着け心地に変化はないか、鏡に映る姿に変化はないか、左右の胸の大きさに違いはないか……。変化に気づいたら、どうすればいいかの方向性は自然と見えてきます。

また、下着は消耗品。体に合っていても、だんだんと消耗して、支える力が弱くなってきてしまいます。次の章では、選び方のヒントをたくさんお伝えしていますので、そのときの体にできるだけ合う下着を選んであげてください。

体形のお悩み別
原因&解決のヒント

次は、ボディラインにすでに現れている症状から、何が原因だと考えられるか、改善するためにどんなふうに下着を着ければいいのかを見極めるヒントをチェックしていきましょう。

骨格や肉づき、肉質、姿勢は一人ひとり違うので、本のなかで「これが原因です!」「こうしましょう!」と100%の答えをお伝えすることは、残念ながらできません。

でも、ここで紹介している事例は、私がこれまで1000人以上の女性の体を見て、実際に触れてきたなかで割り出した「傾向と対策」です。

ご自身のボディラインのお悩みに該当する項目を参考に、ぜひ、下着を着けてみてください。

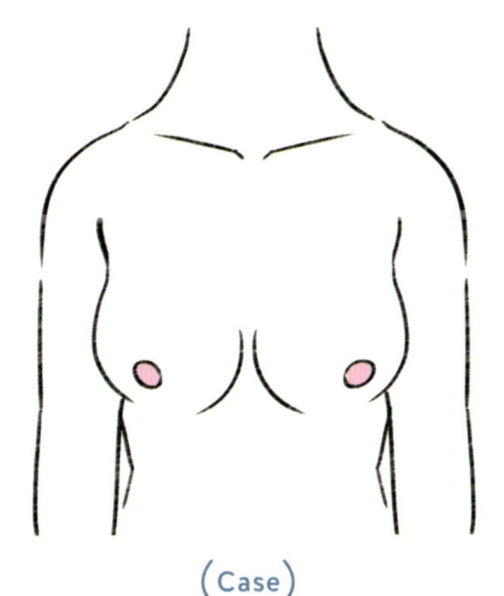

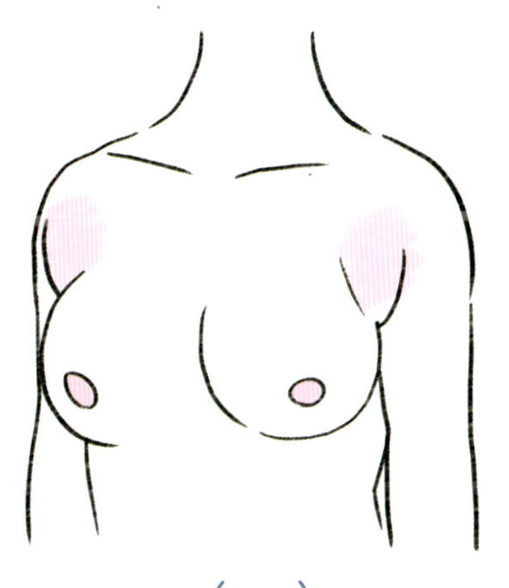

(Case)

バストにハリがなくなってきた

もしかしたら…

ブラジャーを着ける位置が低すぎるために、徐々に胸が垂れてハリがなくなってしまっているのかも……。

こうしてみよう！

年齢によるハリの低下は避けられない部分もあります。お肉や皮膚そのものに変化を起こすことは難しいですが、ブラジャーの着け方によって丸みが出る可能性大！　ブラジャーの位置をGTPに上げ、胸をしっかりと支えましょう。サポート力が弱ければ、安定感のあるものに変えることで本来の丸みが戻ってきます。

(Case)

脇になぞのお肉がある

もしかしたら…

ブラジャーが「型」となり、体にネガティブな働きをしてしまっているのかも。

こうしてみよう！

肩ひもを調整し、ブラジャーの位置をGTPに上げてみましょう。「ワキピタ」をして、お肉がカップに収まるならOK。収まらないようなら、ワイヤー幅の広いものに変えるか、カップサイズの大きいものに変えたほうがよいでしょう。

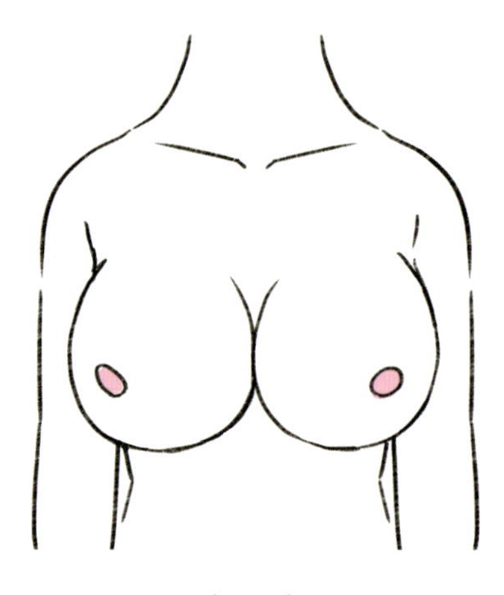

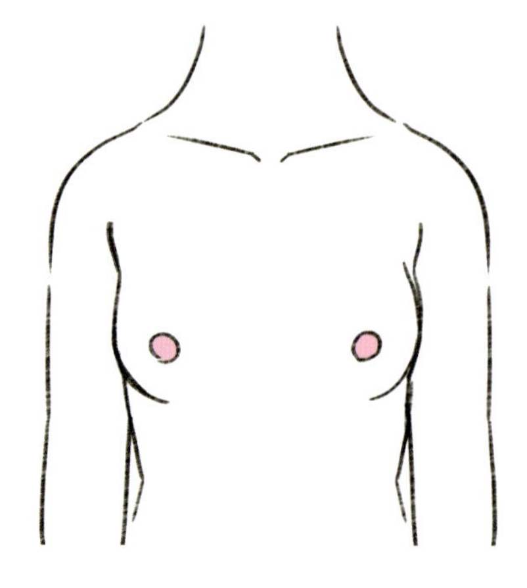

(Case)

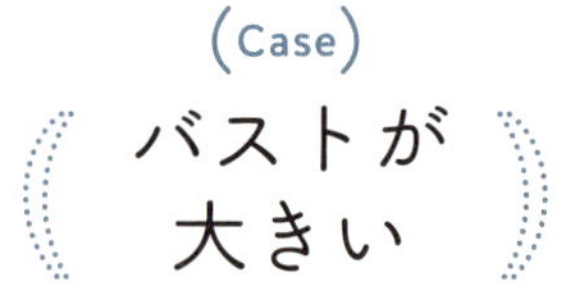

バストが大きい

もしかしたら…

今着けているブラジャーでは支えきれていないかも。大きいバストを支えずに時間が経過すると、どんどん胸が垂れてしまう可能性大。

こうしてみよう！

正しい着け方をすることで、胸がコンパクトに見えるようになる可能性あり。ただし、お肉があふれている場合はカップのサイズアップを。胸をつぶすのは、形の崩れが加速してしまうので絶対NG！

(Case)

バストが小さい

もしかしたら…

もともとボリュームが小さめなのか、胸のお肉が「放牧ちゃん」になって小さくなっているのかを見極めるべき。

こうしてみよう！

肩ひもを調整し、ブラジャーの位置をGTPに上げてみましょう。胸入れをしてみて、カップに対する胸のお肉の量をチェック。「放牧ちゃん」がまだ周囲にあるようなら、カップサイズをアップしたほうがよいでしょう。

Case バスト位置が下がっている

もしかしたら…

ブラジャーを着ける位置が低すぎるために、胸の形に悪影響が出ているのかも。

こうしてみよう！

肩ひもを調整し、ブラジャーの位置をGTPに上げて。時間とともにバストが下がってきたら、ブラのサイズ、サポート力の見直しを。

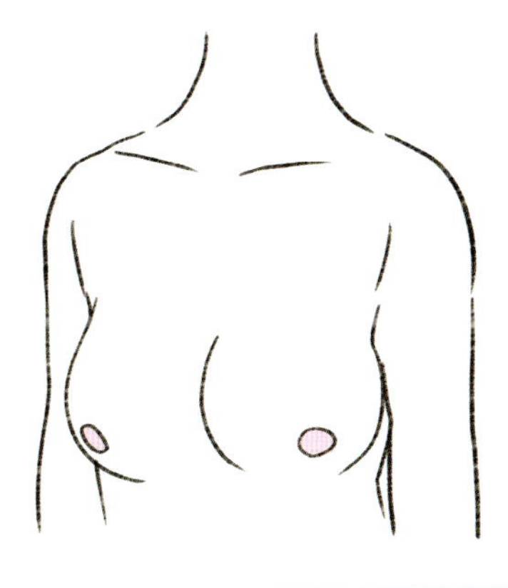

Case バスト上部がそげている

もしかしたら…

ブラジャーを着ける位置が低すぎるために、胸の形に悪影響が出ているのかも。

こうしてみよう！

肩ひもを調整し、ブラジャーの位置をGTPに上げて。そげ感が改善されていく可能性があります。

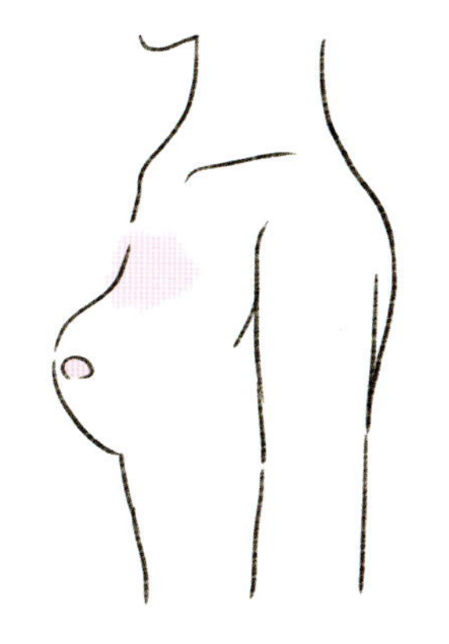

Case 胸の輪郭がぼやけている

もしかしたら…

カップつきのキャミソールやゆるいブラジャーを長年着けている影響が出ているのかも。

こうしてみよう！

ゆるいブラジャーは今すぐやめましょう。胸の輪郭からワイヤーがずれないブラジャーをしばらく着けて、様子を見ましょう。

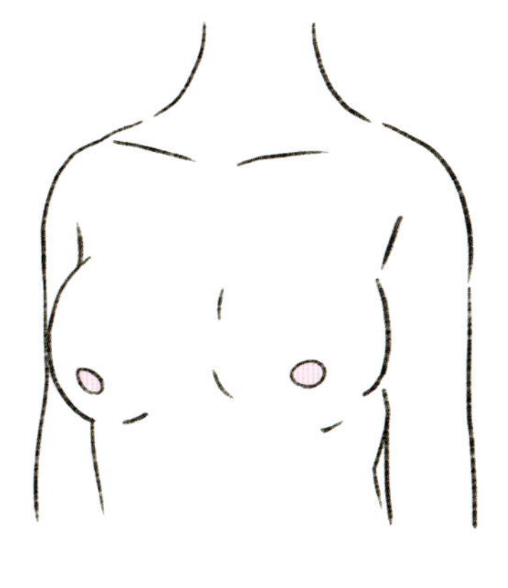

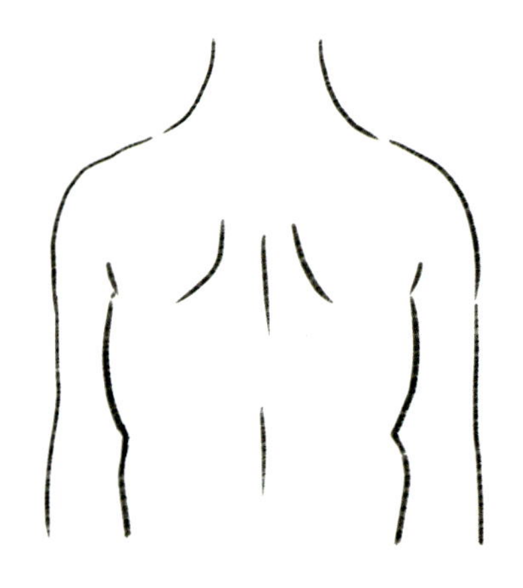

(Case)

アンダーバスト を境に 食い込みがある

もしかしたら…

ブラジャーのサイズが合っていないことと、姿勢の悪さのどちらか、もしくはその両方の影響で食い込みができているのかも。

こうしてみよう！

ブラのアンダーの食い込みがこの段をつくっている可能性大。ブラジャーをGTPに合わせ、前上がりに着けることを徹底。アンダーサイズを見直す必要もあるかもしれません。

(Case)

お腹がぽっこり している

もしかしたら…

「放牧ちゃん」がお腹にたまっている可能性が。もしくは、ショーツのサイズが小さく、食い込みでぽっこりしている可能性あり。

こうしてみよう！

ブラジャーをGTPに合わせて着け、お腹のぽっこりが軽減したら、ブラジャーの着け方の問題です。加えて、食い込まないショーツに変えると、ぽっこりが改善されやすくなります。

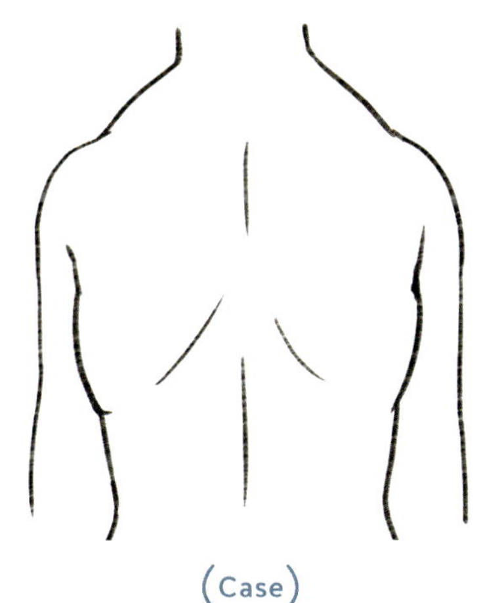

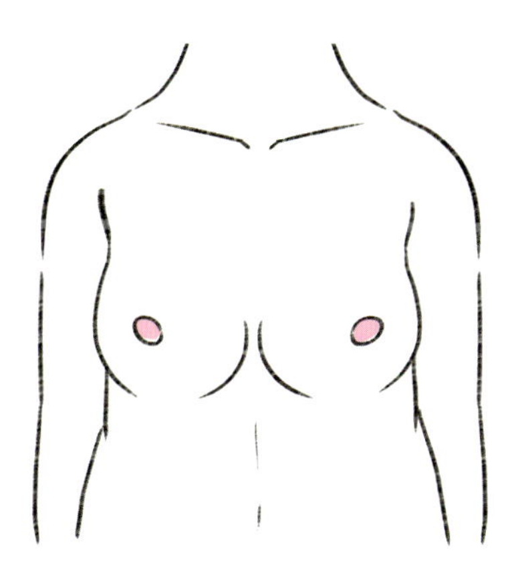

(Case)

背中のお肉が増えた

もしかしたら…

ブラジャーの着け方、もしくは姿勢が原因で「放牧ちゃん」が背中にたまっているのかも。

こうしてみよう！

ブラジャーの位置をGTPに合わせ、しっかり前上がりに調整しましょう。どこかに段差ができたり、不快感があるようなら、カップ及びアンダーサイズを変更する必要があるかもしれません。

(Case)

体重は変わっていないのに年々ウエストが太くなる

もしかしたら…

ウエストは、ブラジャーとショーツの両方の影響を受けてしまう部分。どちらか、もしくは両方が関係しているのかも。

こうしてみよう！

ブラジャーをGTPに合わせて着け、必要な対応を見極めましょう。ブラジャーの容量が合っているか、支える力があるかがポイント。ショーツの食い込みがないかもチェック！

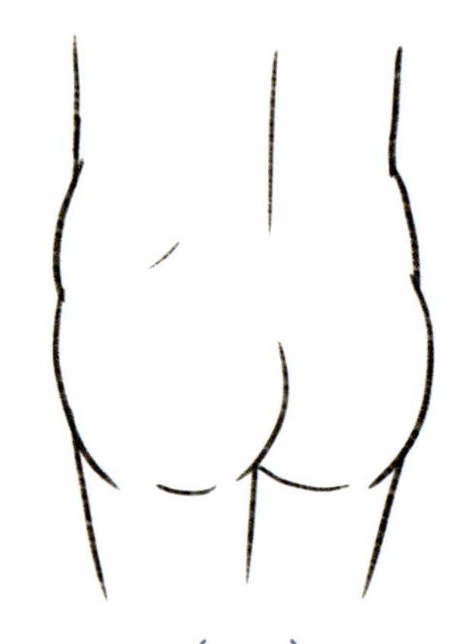

(Case)

腰にお肉がたまっている

もしかしたら…

ショーツの腰への食い込みと、「放牧ちゃん」がバストから流れてくるせいかも。

こうしてみよう！

ショーツや、普段はいているボトムスの腰への食い込みをチェック。加えて、ブラジャーをGTPに合わせて着けることで、体が立体感を取り戻していきます。

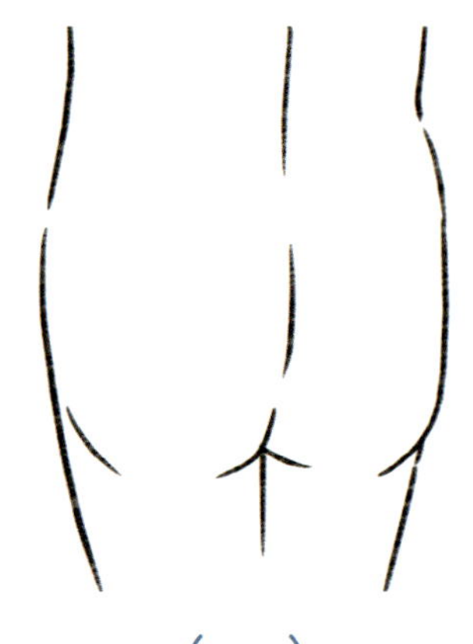

(Case)

お尻が平たくなってきている

もしかしたら…

お尻が下がってきている場合、もちろん重力の影響もあります。ただ、ショーツがそれを加速している可能性大。

こうしてみよう！

今はいているショーツに食い込みがないか、お肉に段ができていないかチェック！　該当する場合は、下着の変更を。ショーツは2サイズくらいアップさせたほうがいい場合もあります。

Case 太ももの外ハリがある

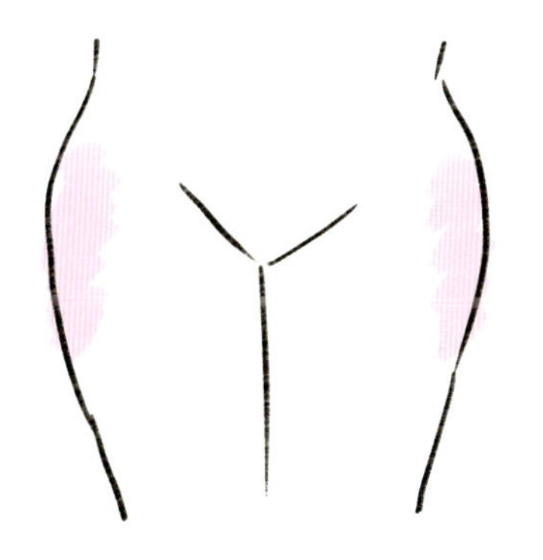

もしかしたら…

ショーツの脚ぐりが悪影響を与えている可能性があります。

こうしてみよう！

ショーツの脚ぐりをチェック。食い込んでいたら、そのショーツはやめておいたほうがいいでしょう。ショーツを見直したうえでガードルも検討を。

Case 太ももの前ハリがある

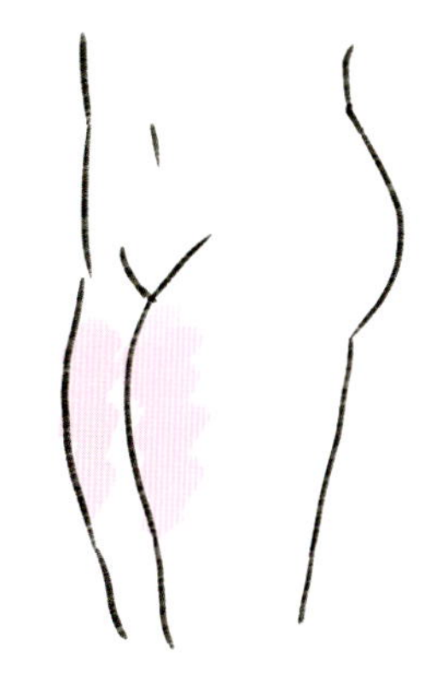

もしかしたら…

ショーツの脚ぐり前部分が悪影響を与えている可能性があります。

こうしてみよう！

脚ぐりの前部分をチェック。凹んでいたら、ショーツが食い込むことによって太ももがはり出している可能性大。ショーツを見直したうえでガードルも検討を。

Case 内ももがぷっくりしている

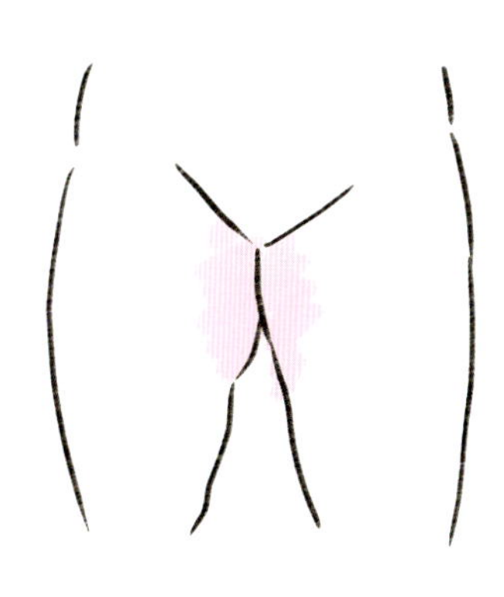

もしかしたら…

お尻のお肉が下がり、内ももに影響している可能性があります。

こうしてみよう！

お尻を両手でつかんで上げてみましょう。内ももがすっきりするなら、お尻のお肉が下がっていることが原因。ショーツを見直したうえでガードルも検討を。

ナイトブラ
って着けたほうがいいの？

「ナイトブラを着けなければ」と
心地よくないのに我慢して着けている人はいませんか？
知ればちょっと気持ちがラクになる、ナイトブラについての考え方です。

胸の横流れで寝にくい方にはメリットも。でもボディラインをキレイにするのは、日中のブラジャーにお任せするのが正解。

Column 2

「ナイトブラを着けないと胸が垂れる！」雑誌やSNSなどでそういわれることも多く、ナイトブラを着けたほうがいいのかな？と悩まれる方が増えています。私からのお答えとしては、「胸をまとめておいたほうが寝やすい場合は着けてもいいです」ということ。仰向けになったときに左右に胸が流れたり、横を向いたときに胸が圧迫されて苦しかったりという場合は着けることで改善するかもしれません。でも、やっぱり昼間のブラジャーのほうがずっと大事！　夜はナイトブラで胸に気をつかっているのに、昼はカップつきキャミ（38ページ参照）を着けている……というのは残念すぎます！　まずは日常的に着けているブラジャーを見直してみてくださいね。

ちなみに、「昼間も着けられるナイトブラ」とうたわれる商品もありますが、昼間はしっかり胸をGTPに上げて、周辺に流れたお肉もカップに収めることが、ボディラインのためには大切になります。昼夜兼用のブラでそれができるかというと、難しいですよね。

Chapter

3

心地よく
キレイになる!
下着の選び方

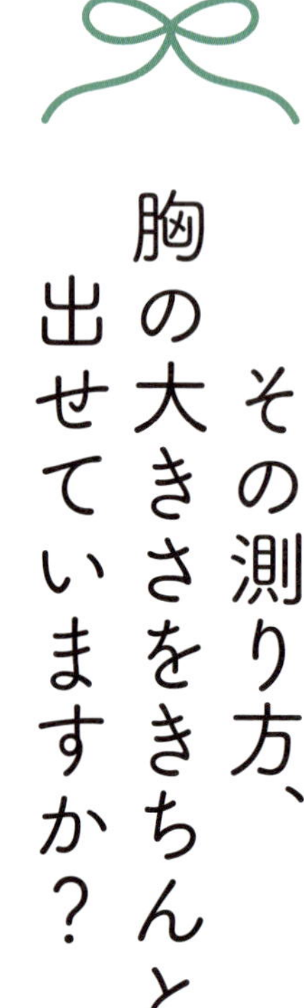

その測り方、胸の大きさをきちんと出せていますか？

美曲線下着メソッドでの下着の選び方は、「体形は下着という入れ物や姿勢などの影響を受けて変化する」という補整下着の概念がベースになっています。

それに対し、ふつうの下着の選び方は、「体の現状に合わせて選ぶ」というアプローチです。変化を考慮する考え方なのか、そうでないのか？　では、選ぶ下着のサイズが変わってくるのは当然ですよね。

「お店の人に測ってもらってブラを買ったけど、いざ着けて生活してみたらなんだか違和感が……」という事態が起こるのは、体の動きと一緒にお肉が動いてしまうから。「トップバストの数値」－「アンダーバストの数値」の差でカップサイズを出す一般的な選び方では、このような結果になるのは仕方がないのかもしれません。

美曲線下着メソッドでは、この算出方法を採用していません。なぜかというと、この算出方法では、2つのポイントの間にどのくらいの脂肪があるかがわからな

一般的な測り方

トップ（A）とアンダー（B）の差から算出！

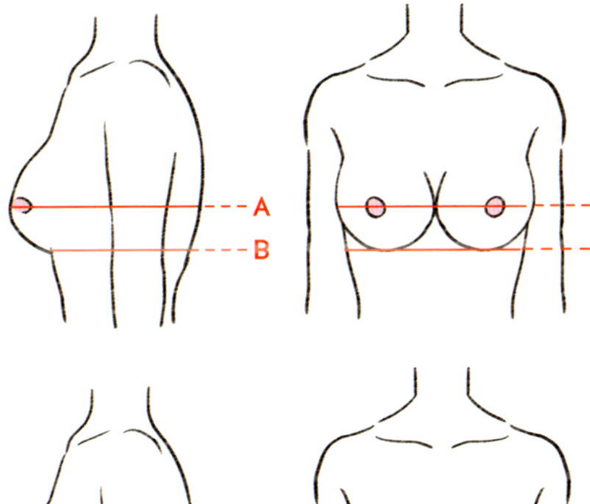

色をつけた部分が未知数のまま……。

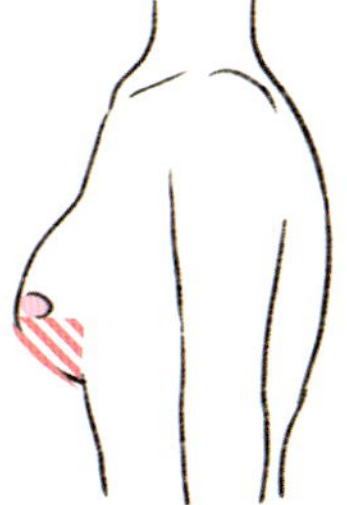

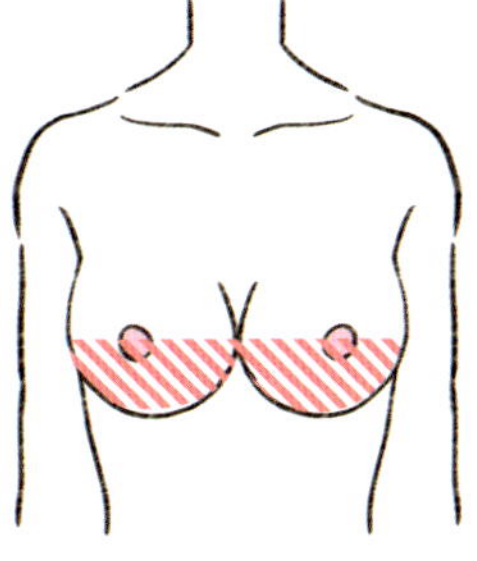

いからです。つまり、バストを立体で捉えることが難しいからです。

もちろん、一般の下着店のスタッフの方の中にも、平面で測りながらも、立体でバストを捉えて選んでくださる方もいらっしゃいます。でも、必ずしもどのスタッフさんもそうとは限らないのも現状のようです。

一般的な方法でブラジャーを選ぶと、体積で選んだときと比べて小さなカップを選ぶことになりがちです。カップに入りきらないお肉は、お腹や背中、二の腕にまで影響していくというのはChapter 1で見た通りです。

ですので、**「美曲線下着メソッドでブラジャーを選んだら、普段よりカップが2カップも大きくなった」**なんてことは珍しくありません。

どこまでを胸と捉えるかでカップサイズは大きく変わる!

カップから流れ出たお肉「放牧ちゃん」(32ページ)をどう扱うかによって、選ぶカップは当然変わってきます。乳房の周りに散らばってしまったお肉も「囲い」であるカップの中に戻してあげたら、「胸」ということになりますよね? だって、もともと胸だったんですから!

美曲線下着メソッドでは、「放牧ちゃん」が日々、少しずつ胸に帰ってこられるお家となるブラを選びます。

まずは自分の「胸の輪郭」を知ろう

胸の輪郭とは、バストの形を円形と考えたときに、下の半円にあたる部分です。つまり、乳房の下半分の輪郭のこと。

バストをしっかり包み込み、そして持ち上げてくれる、形よし、着け心地よしのブラジャーを選ぶためには、この胸の輪郭が肝心なんです。

胸の輪郭の大きさと、ワイヤーの大きさ(幅・深さ)が合っていなければ、着け心地は悪くなり、バストの形もキレイにはなりません。

たとえば同じ「D75」というサイズでも、**ブラジャーによってワイヤー幅やカップ容量が違います。**サイズだけを見て、試着をせずに買ったブラジャーが合わない理由はこれです。

あなたの肋骨の形は?

肋骨の形は、人によって大きく異なります。

・肋骨が丸い「筒形さん」
・肋骨が平面的で横に長い「幅広さん」

この2つの肋骨の幅を正面から見ると、アンダーの円周が同じでも胸の輪郭の幅が大きく違うことがわかります(次ページ)。

筒形さんにぴったりのブラは、幅広さんにはワイヤーが狭すぎて、お肉が脇にはみ出してきたり、バストが中心に寄りすぎて見た目のバランスが悪くなってしまうということが起こります。

逆に幅広さんにぴったりのブラは、筒形さんにはワイヤーが広すぎて脇に刺さる、バストが本来の形よりペタンコに見えてしまうなどの現象が起こります。

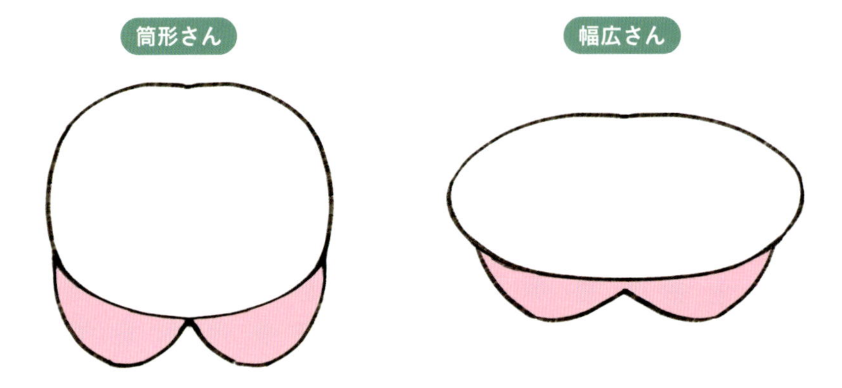

肋骨の丸い「筒形さん」と肋骨が横に長い「幅広さん」の胸をバストトップの位置で輪切りにしたところ。アンダーバストのサイズは同じでも、胸の幅の違いがよくわかる！

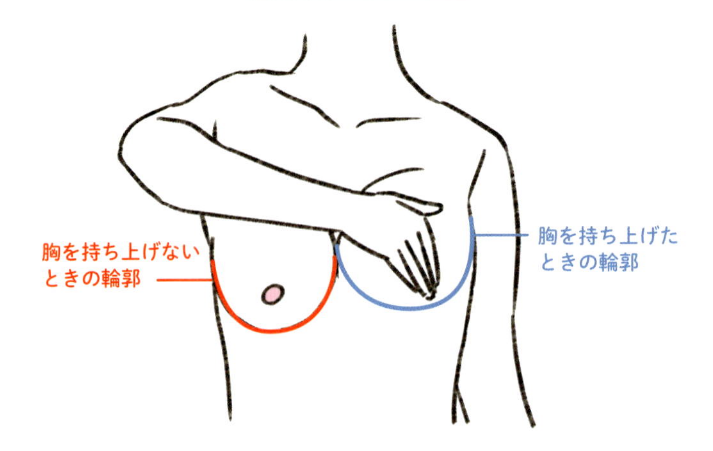

胸の輪郭は胸を持ち上げた状態で捉えます。持ち上げずに見たときより、輪郭が大きくなることが多いです。

ブラジャーの選び方の基本ステップ

❶胸の輪郭を把握する

鏡の前に立ち、鎖骨とバストトップを結んだ線が正三角形になる位置（GTP）に胸を持ち上げてみましょう。この状態で見る胸の輪郭が、本来の形です（右ページの下図参照）。半円の長さ、大きさを確認していきます。

メジャーを当ててみて、おおまかに把握する、指で測った幅をメジャーに当てる方法などがあります。あとは手で触り、目で見てじっくり観察してください。

❷ブラジャーと照らし合わせてみる

いざ、試着したいブラジャーを着ける前に、自分の胸の輪郭の長さ・幅と比べてみましょう。胸の輪郭とブラジャーに交互に手を当てて、違いを見るのもいいでしょう。ざっくりとした調べ方ですが、ワイヤーが大きすぎる・小さすぎるというのは結構わかるものです。

❸手で体積を確認してみる

バストを手で包み込み、どこまで包めていたらキレイか鏡を見ながら、胸の体積や丸みを確認しましょう。手の丸みや指の広げ方などで、ブラジャーのカップを立体的にイメージすることも参考になります。

お手持ちのブラジャーの中でカップと胸の輪郭が合っていそうだと感じるものがあれば、それも測ってみましょう。

試着するときは、そのブラジャーのワイヤー幅に近いものを選ぶことで、心地よいブラジャーに出会える確率が上がります。

試着するときには、もちろん44ページからの着け方をしてくださいね！

私はクライアント様に下着をお選びする際には、**少なくとも5枚、多くて10枚以上のブラジャーを試着**していただいています。

自分で選ぶ際にも、根気強く試着をして、より心地よさと美しさの満足度が高い1枚を見つけてくださいね。

ショーツ・ガードルはどう選ぶ？

56ページでお話ししたように、ショーツやガードルはサイズと形選びがすべて。とくにショーツは、日本では衛生の観点から試着ができませんので、売り場で見極めなければなりません。

たくさんの女性を見てきて、はっきりと言えることがあります。それは、小さすぎるショーツをはいている人が本当に多いということ。
「私のショーツ、着けていて別にキツいと感じないから小さくはないはず」と思われるかもしれませんが、たとえあなたが感じていなくても、あなたのお尻のお肉は感じているかもしれません。

ショーツを着けているときに、ショーツがあなたのお尻に悪さをしているかいないか、それを見極めるポイントは2つ。

・段がある
・食い込んでいる

という症状があるかどうかです。このどちらかがあれば危険信号だと思ってください。私は洋服のボトムスはSサイズですが、ショーツはLサイズ。ものによってはLLを選ぶこともあります。ショーツから「体形を崩す要因」を徹底的に排除すると、自然とこのサイズになってしまうのです。

ガードルにはさまざまな機能がありますが、どれを選ぶにしても段ができる・食い込むのはNGと覚えておいてください。

次のページからは、下着着用時に現れる症状や疑問から、選び方・着け方のヒントをご紹介していきます。

選び方・着け方のヒント

下着を着けているときに、こんなお悩みや疑問はありませんか？
選び方・着け方のヒントをご紹介します。

Case

カップの上部が空いている

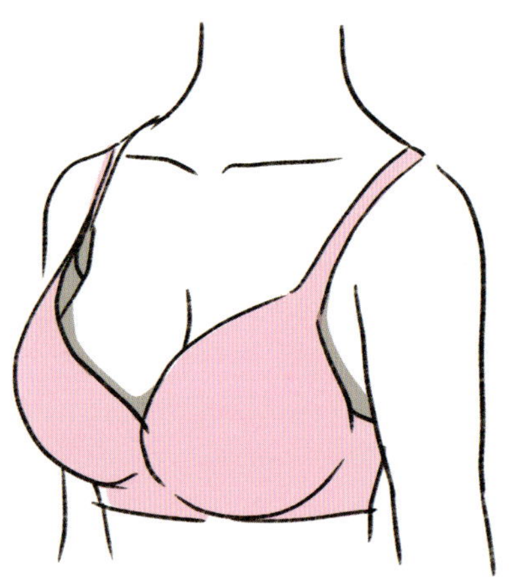

カップの位置が低いこと、もしくは
カップが合っていないときのサイン。

GTPに合わせてブラジャーを着けてみる

カップから
お肉があふれたら、
カップのサイズを上げる

カップにぴったりなら、
とりあえず
そのままでOK

それでも
プカプカしているなら、
カップのサイズを下げる

Case

カップからバストがあふれている

カップサイズを上げてみましょう

小さなブラを
着け続けていると、
バストが崩れる
原因に！

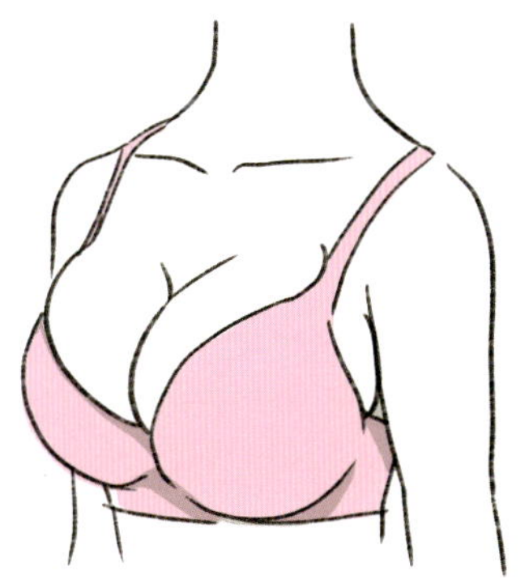

カップから胸がはみ出しているのは、一目瞭然の容量オーバーのサイン。

Case

ブラジャーのアンダーが、腕を上げるとずり上がる

GTPに合わせてブラジャーを着けてみる

解消されない場合は、
アンダーの
サイズダウンを検討。
まれにカップの
サイズが小さい場合も

ずり上がりが
解消されたら、
とりあえず
そのままでOK

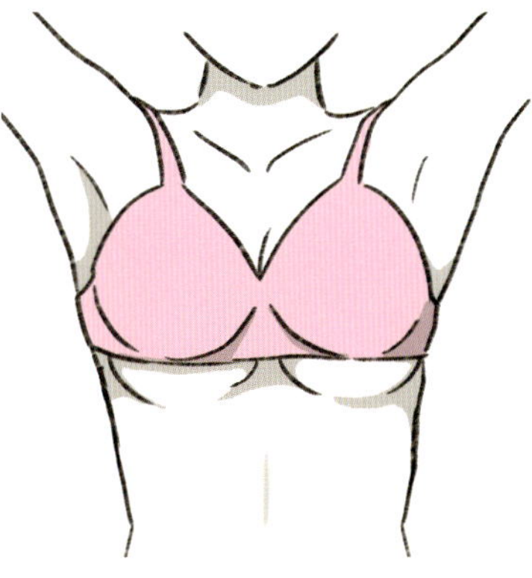

アンダーサイズが合ってない、もしくはカップが小さすぎるサイン。

Case

アンダーが食い込んでいる

↓

**GTPに合わせて
ブラジャーを着けてみる**

食い込みがひどくなったり、
改善しない場合は、
アンダーのサイズアップが
おすすめ（70→75など）

解消されたら、
とりあえず
そのままでOK

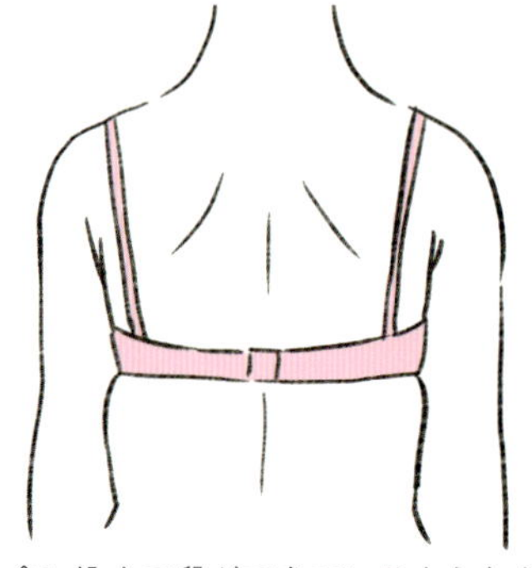

食い込んで段ができているようなら、アンダーのサイズアップが必要な可能性あり。

Case

アンダーの跡がつく

↓

**GTPに合わせて
ブラジャーを着けてみる**

↓

GTPに合わせても跡がひどくなり
苦しく感じる場合は、
アンダーサイズをアップしたほうがよい
可能性大

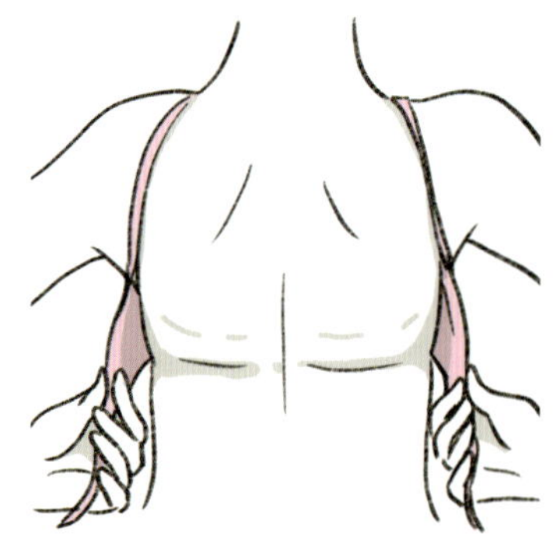

そもそもバストを支えているブラは多少跡がつくもの。跡がまったくついていない場合は、きちんと支える役割を果たせているのか疑問。

Case

肩ひもがずれる（落ちる）

肩ひもを調整し、
ブラジャーをGTPに
合わせて着けてみる

肩ひもが食い込むようなら、
そのブラジャーは
あなたのバストを支える力が
不足している可能性大

解消されたら、
とりあえず
そのままでOK

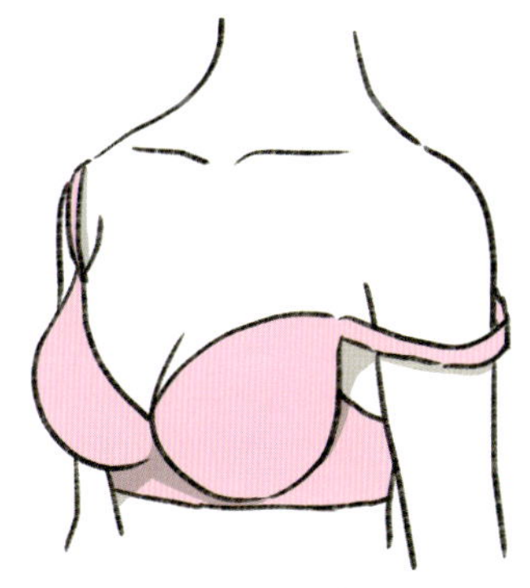

単純に肩ひもが長すぎる可能性大。

Case

胸と脇の間になぞのお肉が現れる

GTPに合わせて
ブラジャーを着けてみる

それでも
脇肉が出るようなら、
ワイヤー幅が広いものを
選択することで改善の
可能性大
（カップサイズを上げたほうが
よい場合もある）

脇のお肉が
解消すれば、
とりあえず
そのままでOK

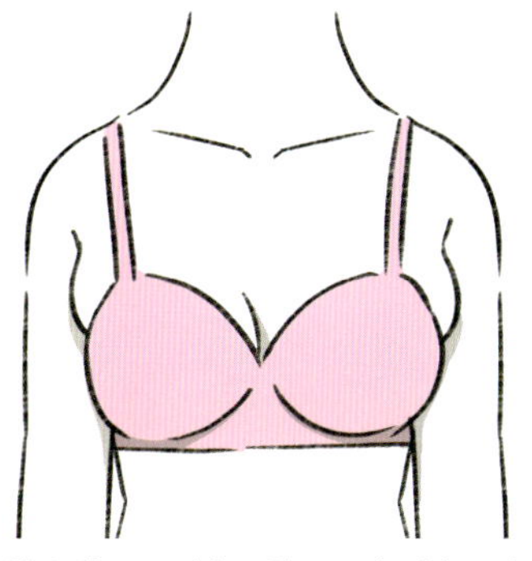

腕を動かせば少し脇にお肉が出てくるのは自然なこと。明らかにブラを着けることで増える、またはブラの型通りに出てくるなら、ブラの形を変えることで改善の可能性大。

服のボトムスと同じサイズのショーツをはいている

↓

服のボトムスのサイズより、1～2サイズ上のショーツを選ぶ

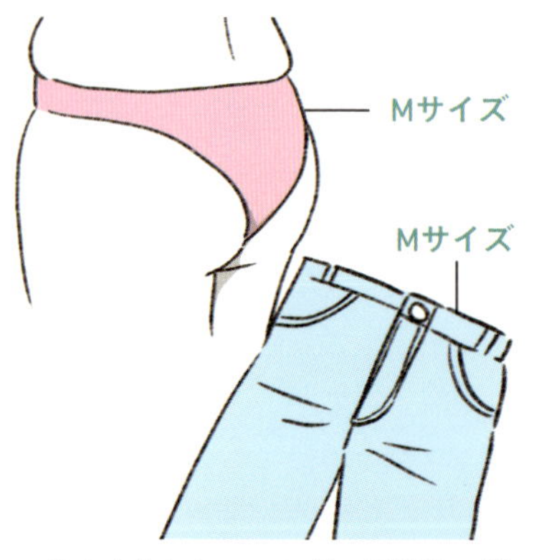

その小さなショーツが、下半身の形を年々崩してしまっている可能性大。

未来の
下半身のために、
小さなショーツは
卒業♡

Case

ショーツの上に下腹がのっている

↓

ショーツのサイズを上げてみる

↓

バストを手で持ち上げてみる

↓

バストを持ち上げることで
お腹のボリュームが変わるなら、
ブラの位置をGTPに合わせてしっかり着ける

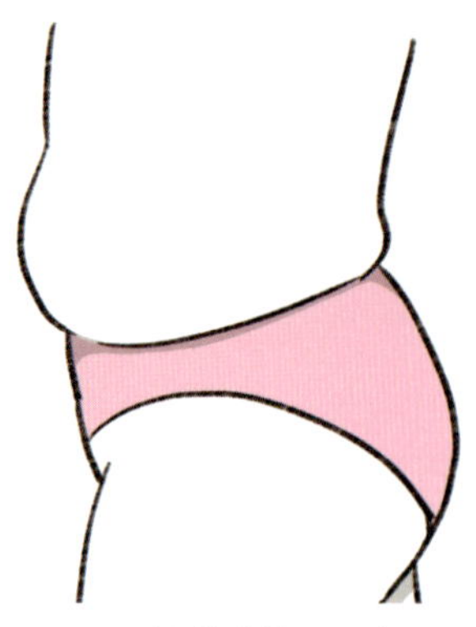

ショーツがお腹を締めつけていることに加え、下がってきたバストがたまっている可能性大。

Case

ショーツが食い込んで段々になっている

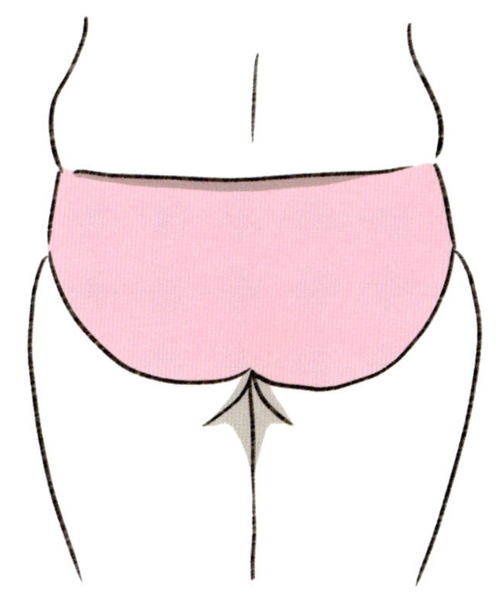

キツすぎるショーツが下半身を崩してしまう可能性大。ショーツを脱いだときのほうが腰やお腹、お尻のラインがなめらかなら、ノーパンのほうがマシです！

↓

シームレスのショーツまたはすっぽりと包むタイプのショーツをはいてみる

それでも段ができたり、
お肉が押しつぶされたりするサインがあるなら、
1サイズアップした
シームレスのショーツをはいてみる

ボディラインの段々が和らぐなら、
とりあえずOK

脚ぐりの食い込みがある

↓

**食い込まない
ショーツを選ぶ**

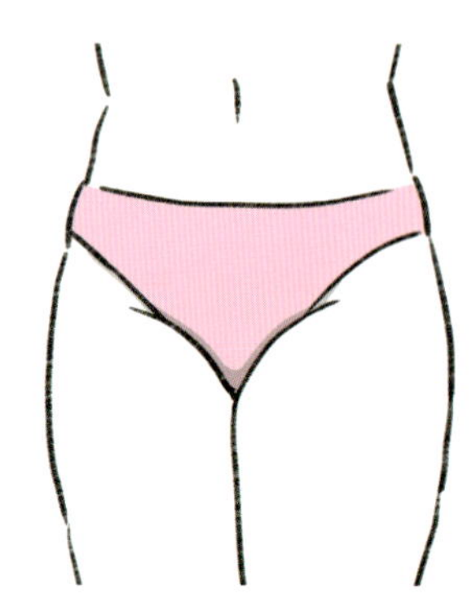

サイズの見直しのほか、
よく伸びる
やわらかい素材を
選ぶことも大事！

ショーツの脚ぐりがキツい可能性大。食い込みがあると、お肉が流れて太ももが太くなってしまう！

Case

Tバックってどうなの？

↓

**腰に当たる部分の
食い込みを確認**

↓

Tの上の部分が
少しでも食い込んでいる場合は、
その圧がお腹や腰のお肉を
増やしてしまう可能性大。
食い込まないものを選んで

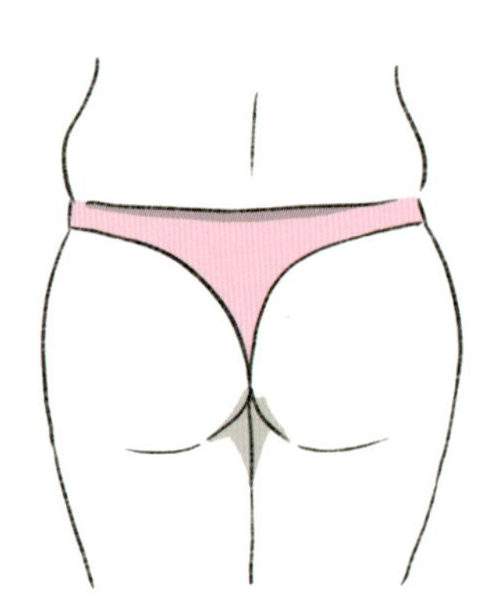

Tバックのショーツはお尻の丸みの部分を押しつぶすことはないので、小さなショーツよりずっといい！

Case

シームレスのショーツなら食い込まないから大丈夫？

面で丸みやお肉が押されてしまっていないか確認

腰や太ももにお肉がはみ出ているようなら
サイズを上げる。
またはすっぽりタイプのショーツを選ぶ

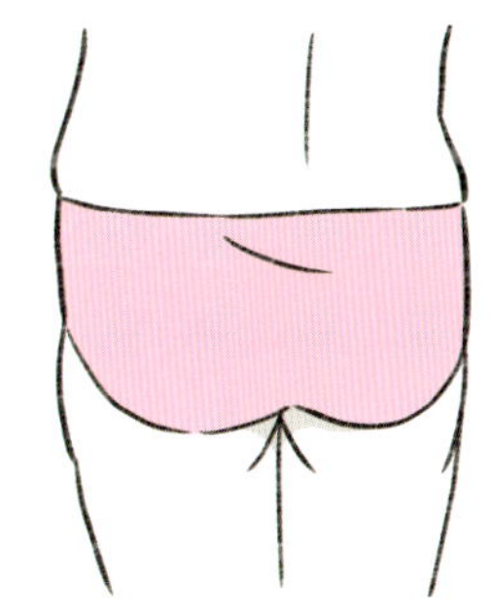

全体が幅のあるゴムバンドのような構造になるシームレスのショーツ。面が大きい分、食い込んで段になることが少ないのでおすすめです。

Case

ガードルのウエストが丸まってしまう

ウエストの位置を確認する

ぴったり、ジャストウエストが正解。
高すぎても低すぎてもNG

ちなみに…

太ももが丸まって上がってくるケースは、キツくて起こる場合とゆるくて起こる場合があります。いずれにしてもサイズが合っていない可能性大。

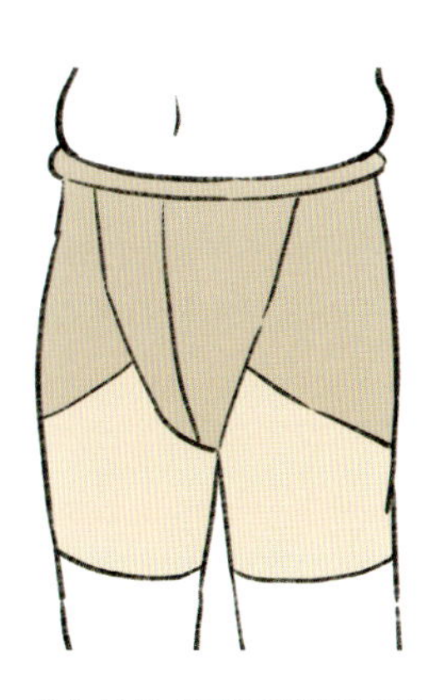

ガードルはサイズや形選びが命。ウエスト位置が合っていない可能性があります。試着して購入しましょう。

下着の選び方・扱い方

自分にぴったりの下着と上手につき合っていくために。
誰にも聞けない疑問にお答えします！

Q ブラジャーのカップの形はどんなものを選んだらいいの？

A フルカップや3/4カップなどさまざまな形のカップがありますが、カップの面積の違いに加え、肩ひもの位置が違いバストを吊り上げるポイントが変わってきます。いろいろな形を試着してみて、GTPの位置に近くなり、丸いバストになるものを選ぶことが大事です。参考までにお伝えすると、胸がやわらかく、まっすぐ下がっている人はフルカップが引き上がりやすくなり、広がっている人は3/4カップのほうがフィットするかもしれません。

Q ブラジャーの買い替えのタイミングは？

A 手洗いで洗濯をしていることが前提で、3枚で回している場合8カ月を超えると消耗がはっきりとわかるようになってきます。2枚だともっと早く、半年くらいです。消耗すると胸を支える力が弱くなってしまいますので定期的に買い替えましょう。ヨレヨレになった下着を着け続けていると、体形にとって害になってしまいます。

Q ボディラインが変わるまでどれくらいかかる？

A 私のクライアント様だと、早い方で1カ月くらいで変化を感じる方もいらっしゃいます。実際にサイズが変わったり、アンダーのサイズが変わるような変化は早い人で4カ月、平均的に半年くらい、遅い人で8カ月くらいでしょうか。その間も、きちんとGTPに保てているかのチェックや、指入れ確認などを行いつつ調節することが必要です。

Q アンダーがゆるくなったらすぐに買い替えなきゃダメ？

A アンダーがゆるいということは胸を支える土台がぐらぐらしているということ。胸が下がったり、せっかく胸のお肉として戻ってきていた「放牧ちゃん」がまた逃げてしまうことに……。「指入れ確認」をして、指がタテに4本以上入ったらすぐに何かしらの対処を。買い替えのほか、アンダーのお直しという方法もあります。

Q 安い下着と高い下着の違いは？

A 大きな違いは、使用している生地と縫製の丁寧さ。デパートのものだとやはり生地がしっかりしていると思います。ただ、高ければよいというわけではなく、胸の形に合わなければボディメイク的にはNG。安いものでも胸の輪郭の大きさやカップの深さがきちんと合っていてGTPに合わせて着けられるのであれば、体形をキレイにしていく効果はあります。

Q 上げ底のブラジャーってどうなの？

A ブラジャーの底に何センチも厚みがあるものなど、「盛れる」ことがウリのブラジャーがありますが、ボディメイク的にはあまりおすすめしません。上げ底のブラジャーは四六時中胸の輪郭が押されていることになるため、容量が小さくなります。お肉がはみ出しやすくなったり、輪郭の下の部分が影響を受けることがあります。

Q やせてから下着を合わせたほうがいいですよね？

A ダイエット前に下着を買ったらもったいないのでは……という気持ちは理解できますが、やせるとお肉がやわらかくなるため、重力に抵抗する力が弱くなります。つまり、下がりやすくなるということ。下がったものを上げるのは大変！　だから、まずは下着を合わせて、その下着で胸やお尻を支えながら体重を落とすとキレイにやせやすくなります。

下着を長持ちさせる洗い方

ブラジャー、ガードルは手洗いが基本！
洗濯機で洗うと、型崩れや消耗が早くなります。

Column 3

① 洗剤を入れる

洗面器などに水を張り、洗剤を入れます。パッドが入っている場合は取り出し、パッドも一緒に洗います。

ふつうの洗たく洗剤でOK!

② もみ洗いする

優しくもみ洗いします。肌に触れるワイヤーの部分は汚れがつきやすいので、優しくこすります。

③ 水気を絞る

ワイヤーに圧を加えないよう注意しながら、優しく絞ります。

④ 脱水する

バスタオルを広げ、ブラジャーとガードルを置きます。タオルを畳み、しばらく放置して水気を取ります（洗濯機の脱水に2〜3分かけてもOK)。

干すときはこんな感じ

[ブラジャー]

[ガードル]

肩ひもが伸びないように干しましょう。

Chapter 4

誰でも、いつからでも、自分の体形を好きになれる!

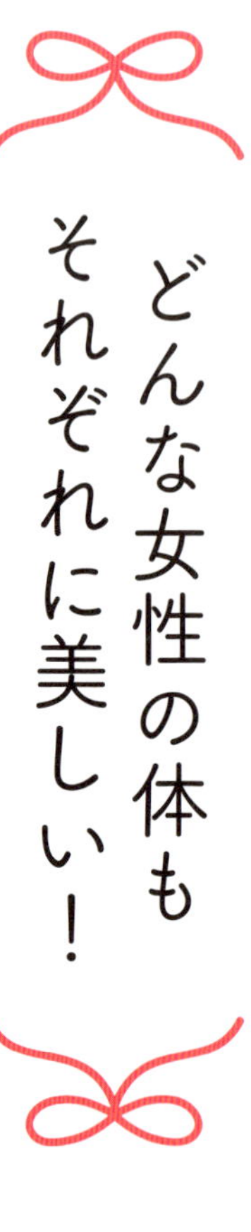

どんな女性の体も それぞれに美しい！

美曲線下着メソッドに基づいた下着の着け方、選び方の基礎的な部分をご紹介してきましたが、いかがでしたか？

「たかが下着」ではなく、下着には想像していた以上の影響力がある。

そのことを一人でも多くの人に知ってもらえたなら、うれしいです。

自分の体を好きになってほしい。

美曲線下着メソッドは、そんな思いから生まれました。

日々、女性の体形の悩みと向き合っていて感じるのは、「自分の体を好きになれない」という人がとっても多いこと。

私が下着をお選びする際、試着室で「では、お洋服を脱いでみましょうか」と言うと、とっても恥ずかしそうに、もしくは申し訳なさそうに「お腹がぽっこりしていて……」とか「私、お尻が大きくて……」などとおっしゃる方が少なくありません。

下着はとってもパーソナルなものですし、人前で服を脱ぐのですから、もちろん、恥ずかしいという気持ちはよくわかります。

でも、私から見れば、みなさんの体形には美しい部分が必ずあるのです。

美曲線下着メソッドを用いると、あなたの美しさを可視化するために、下着が大きな力を貸してくれます。下着は自分の体を好きになるためのツールなのです。

体形のお悩みを「ポジティブ変換」してみよう

自分の体をもっと好きになっていただくために、私がよく使っている「体形のお悩みポジティブ変換」をご紹介します。

バストが大きめ

↓女性らしい体形／グラマラス／バストとの差で胴回りが細く見える／セクシーな服が似合う

バストが小さめ

↓服をすっきり着られる／露出の多い服を着てもセクシーすぎずカッコいい／バ

ストが下がりにくい／長く若々しく見えやすい

ヒップが大きい

↓ウエストがくびれて見えやすい／女性らしい体形／グラマラス

お尻が平ら

↓プリーツや布感たっぷりのスカートが似合う／丸みをつくれば小尻ってこと！

肩幅が大きい

↓ウエストにかけて細く見えやすい（くびれ効果を出しやすい）

肩幅が狭い

↓華奢に見えやすい／着物が似合う

太ももが太い

↓セクシー・色っぽい・女性らしい／外国人みたい

この「ポジティブ変換」をあなたがネガティブに感じている部分を鏡で見なが

ら言ってあげてください。何度も言っているとそんな気持ちになってくるかも！
だんだん鏡の前に立つのが楽しくなってくると思いますよ！

下着の「あたりまえ」は育った環境の影響大！

これまで、下着店で胸のサイズを測ってもらって買ったことがなかった……。
そんな方も珍しくありません。下着は量販店や通販で、だいたいのサイズで買うもの。それが「あたりまえ」になっている方もいます。

下着についての考え方は、その人の育った環境が大きく関係しています。

ちょっと思い出していただきたいのですが、みなさんは「ファーストブラ」はどうやって選びましたか？
お母さんが買ってきてくれて、そこから、誰に聞くわけでもなく自分でなんとなく選んできた。そんな方も少なくないでしょう。
「ファーストブラはお店に連れていってもらって選んでもらいました！」
そんな方もいらっしゃると思います。

では、ショーツはどうでしょうか。
ショーツはお母さんが買ってきてくれたものをはいて、その感覚を基準にずっと選んできていませんか？
しかもショーツは、日本では衛生の観点から、下着店で試着することもできないので、どんな状態がよい状態なのか、ブラジャーと違って店員さんから教わったこともないと思います。
母親の影響って、大きいですね！
もしもあなたに娘さんがいるなら、「下着の体形への影響」を正しく伝えることは、素晴らしい贈り物になると思います。

毎日身に着けるものなのに、自分の体を包んでいるものなのに、私達は、下着について、ほとんど知りません。

ファーストブラを買ってもらった少女の頃のまま、情報がストップしてしまっている人も多いのです。実はその情報不足が、多くの女性の体形の悩みをつくり出してしまっているのです。

それは、私達の多くが下着のことを、「隠すためのもの」「着けていさえすればいいもの」「外から見える洋服よりあと回しにされるもの」というような、無意識的な状態でいるからです。
それに引き換え、メイクやダイエット、エクササイズについては、雑誌の特集や動画などの情報が世の中にあふれています。
女性同士の会話でも、「キレイになること」についてはよく話題にのぼるのではないでしょうか。

そんなふうに、環境的な要因が大きいものなので、これまで下着に無頓着だったとしても、決してあなたが悪いわけではありません。
ですが、この本を読んで、下着を正しく選び、正しく着けることでボディラインをキレイにしていくことができることをあなたは知りました。

今からだって、決して遅いことはありません。
これからの自分の体のために、心地よく、理想のボディに導いてくれる下着をパートナーにしてくださいね。

ここからは、美曲線下着メソッドを受けてくださった方々の体験談をご紹介します。年齢も生活環境もさまざまですが、ぴったりの下着を選び、正しい着け方を続けていただいたことで、みなさん、ボディラインにも、気持ちの面でも、ポジティブな変化が起きています！

美曲線
ボディメイク
体験談

1

脱・長年のカップつきキャミ生活！お腹のお肉が減って胸は2カップアップ

Sさん（39歳）

妊娠前より10キロ増。とくにお腹やお尻のボリュームが気になり、自分の体が嫌いでした。「産後だから」と自分に言い訳して、好きな服より体形カバーできる服を着続けて5年。いい加減に変わりたいと思っていたところ、いずみ先生のことを知り、思い切って美曲線下着メソッドを受けてみることにしました。

はじめは「下着だけで体が変わるなんて」と半信半疑。私は、ラクだからという理由で、長年ブラジャーをせず、カップつきキャミソールを下着にしてきました。若い頃はブラジャーを着けていたこともありましたが、ワイヤーが当たって痛かったり、肩ひもが下がってきたりと、ブラジャーにはいい印象がまったくありませんでした。下着は胸が隠れて、バストトップが服にひびかなければよい……というくらいの認識だったのです。

いざ、いずみ先生とお会いして下着を脱ぐと、自分の裸に愕然としました。脇のお肉が、くっきり、カップつきキャミの形にたまっていたのです。長年着けてきたせいで、お肉のつき方が「その形」になってしまっていたということ。

自分にピッタリのブラジャーを選んでもらうと、その瞬間から、「支えられている」という安心感がすごく、自分に合う下着ってこんなに心地いいのかと衝撃でした。

胸のサイズは、なんと、**自分が思っていたカップサイズより2カップも大きいGカップ**。さらに、脇や背中、お腹の肉がすっきりして、その日家に帰ると、家族に「あれ？　どうしたの？」と驚かれるほどでした。

その日から、教わった通りの着け方を続けたところ、1週間くらいで変化を感じました。これまで横に流れていた胸が、前を向いていて、しかもプリッと上がっている！

また、デスクワークでいつも猫背だった姿勢が、なぜかラクに伸びるように。

そして1カ月半後、いずみ先生に再び見てもらうと、一番ゆるい場所に着けていたブラジャーのホックが、一番キツいところでもゆるくなり、お直しに出すことになりました。生活習慣を全く変えていないのに、アンダーのサイズが4センチも細くなっていたようです。体重は変わらないのに……。

5カ月後には、アンダーを1つ下げた、自分にぴったりのブラジャーを購入。

試しに以前着けていたカップつきキャミソールを着けてみたところ、胸が支えられていなくて落ち着かない状態に。もう以前のようには戻れません！

3カ月後　after　before

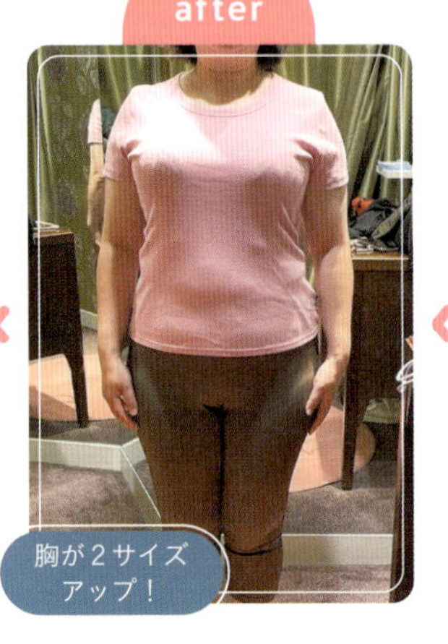

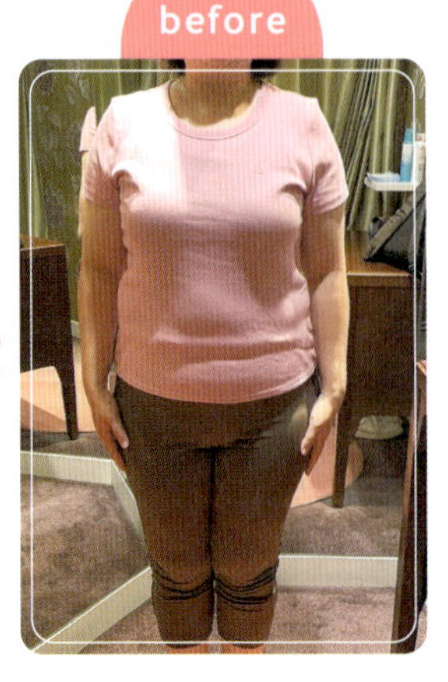

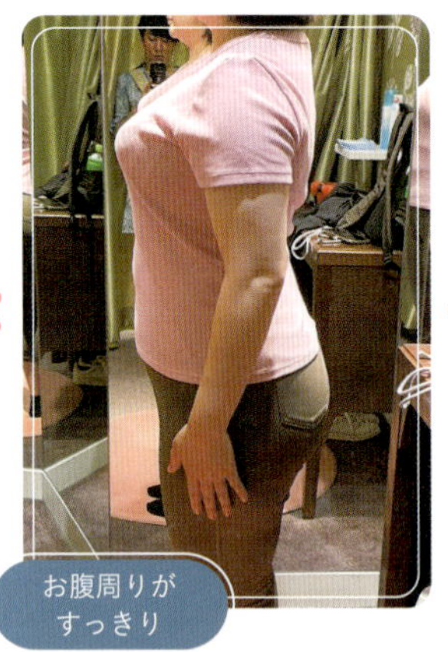

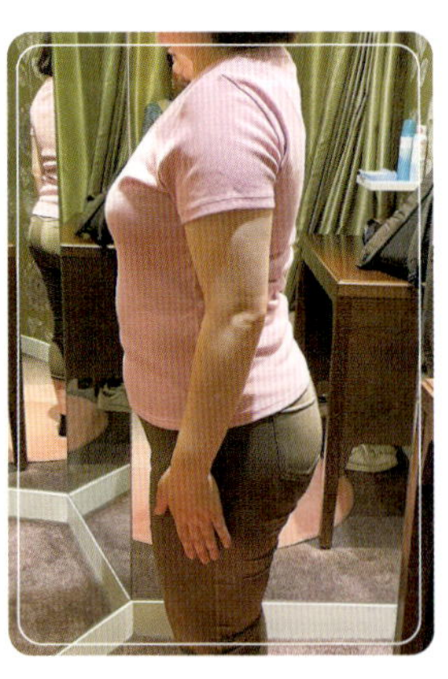

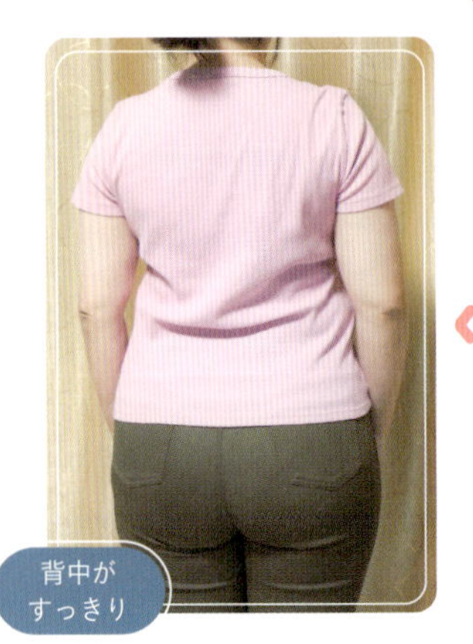

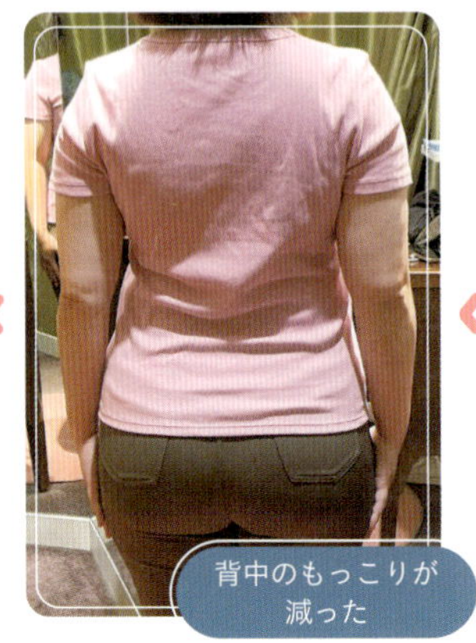

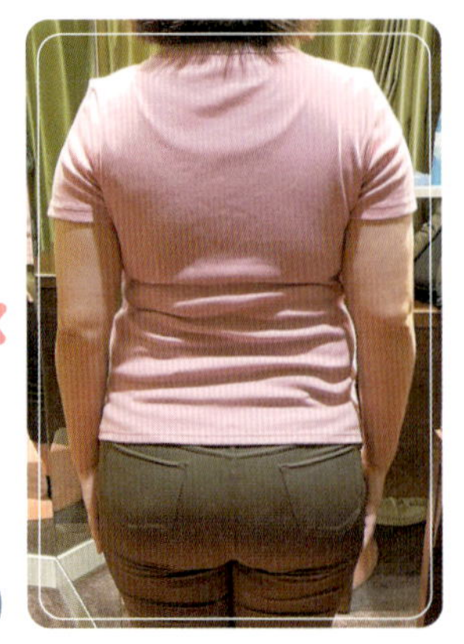

美曲線ボディメイク体験談 2

下着で姿勢を改善中。自分で猫背に気づけるようになった！

Yさん（45歳）

中年体型になり、やせなきゃと思っていてもなかなか行動に移せずにいました。そんなある日、知人からいずみ先生のことを聞き、下着の着け方を変えるだけならできるかもと思い、コンサルを受けてみることにしました。

体形の悩みは、胸が垂れて上部がそげているようになってきたこと。お腹周りやお尻のたるみ。二の腕のふりそでのようなお肉などなど、挙げるときりがありません。

デスクワークのため常に猫背で、背中が丸いという悩みもありました。

「本当に下着だけで体形が変わるのか」と半信半疑だったのですが、いざ、いずみ先生のメソッドを受けてみると、本当に一瞬で体が変わりびっくりしました。

左胸のほうが大きいことなど、自分では気づかなかったことを指摘していただいて、**これ以上差が大きくならないように着け方に気をつけよう**と思いました。

のっぺりしたお尻と太ももの境がなかったのですが、先生におすすめしていただいたガードルを着用したところ、お尻が丸くなり、太ももとお尻がくっきりと分かれてくれました。

教わった通りに下着を着けはじめて1カ月くらいたったある日、ブラジャーを取っても胸の形が流れず、キープされるようになりました。バストトップも上がり、ボリュームもアップ。今まで「放牧ちゃん」であちこちに散らばっていたお肉が、胸に帰ってきてくれたのだと思います。そう考えると、自分の胸がとっても愛おしいですね！

「放牧ちゃん」が減ったせいか、二の腕も細くなったように思います。手を振ったときに揺れるふりそでのようなお肉が、なんだか減って、すっきり。

いろいろ起きた変化のなかでもとくに驚いたのは、デスクワーク中、まだ猫背になってしまうことがあるのですが、自分で「今猫背になっていた」と気づけるようになったこと。

これはもしかして、下着が正しい姿勢をサポートしてくれているのでしょうか。猫背に気づけば姿勢を正すことができるので、1日のうちで猫背でいる時間は減ってきているように思います。

いずみ先生に途中経過を見てもらうオンラインフォローでもうれしい変化をいろいろと実感できたので、これからも自分にぴったり合った下着で、日々ボディラインと向き合っていきたいと思います。

3カ月後　after　before

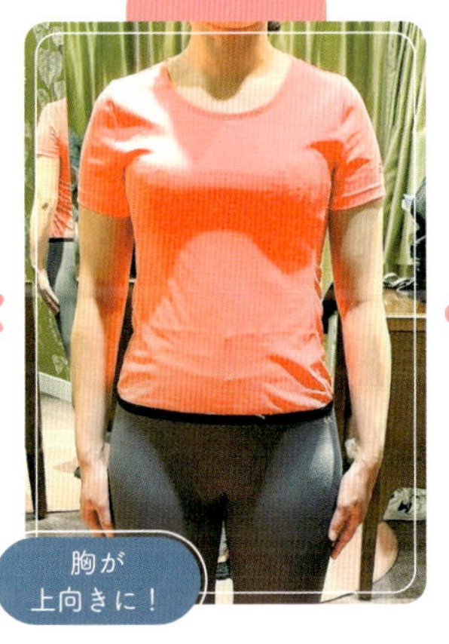

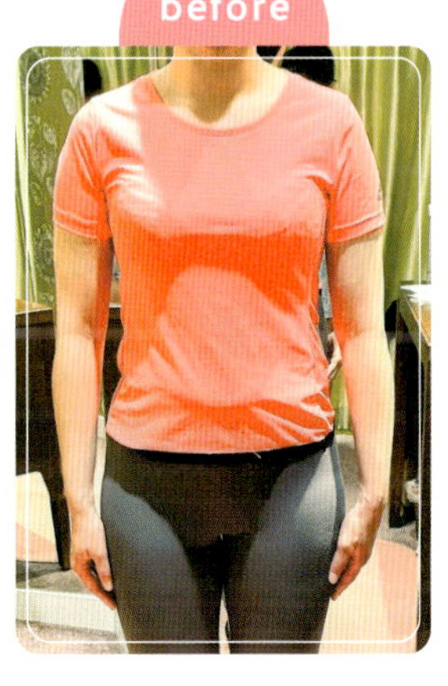

胸が
上向きに！

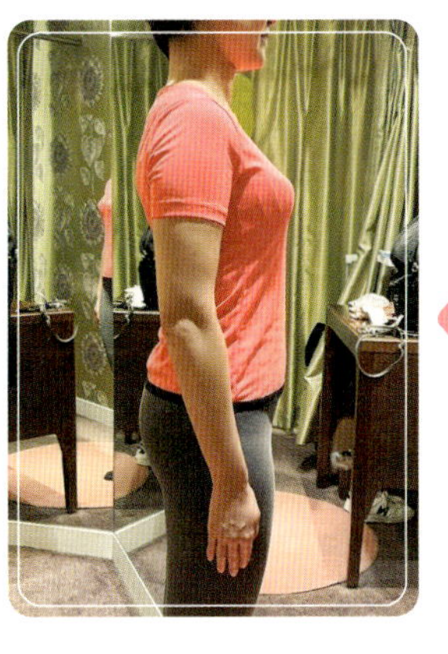

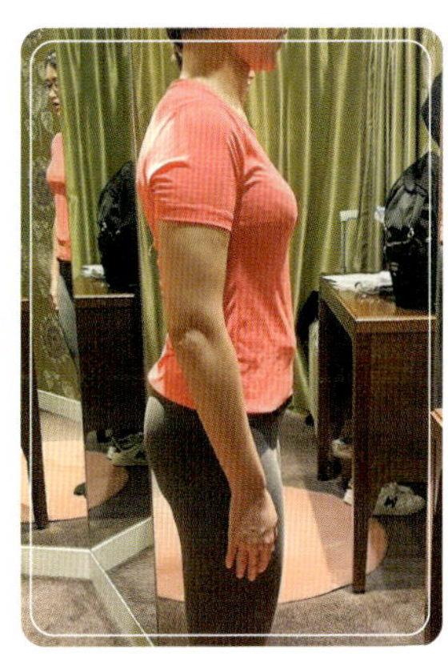

姿勢が
よくなった！

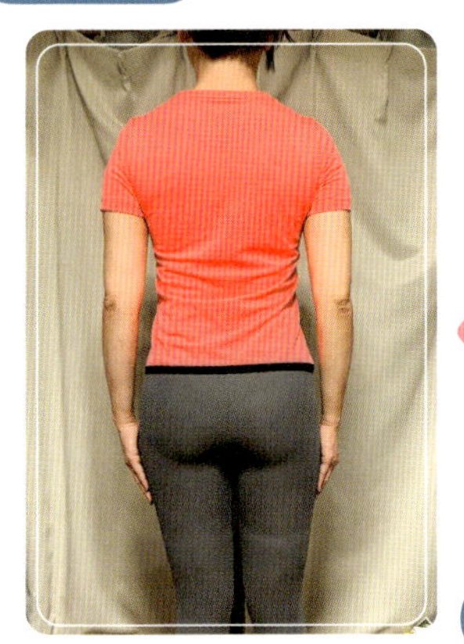

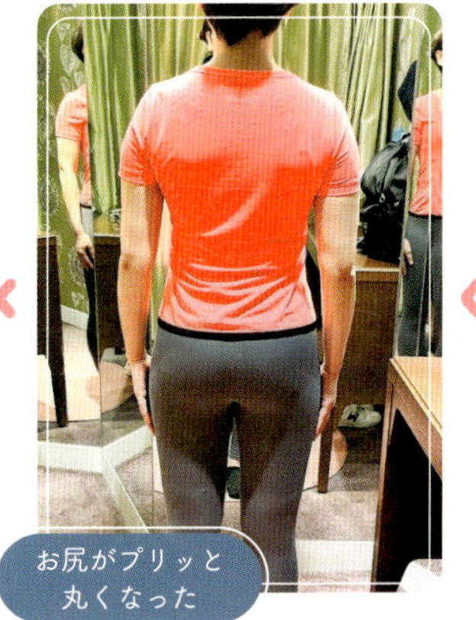

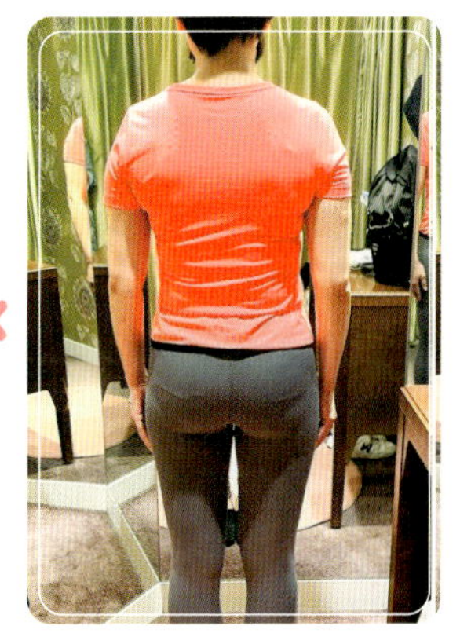

お尻がプリッと
丸くなった

美曲線
ボディメイク
体験談

3

運動も食事制限もいっさいなしで自分史上一番バランスのとれた体に！

Mさん（57歳）

胸が小さいことにずっと悩んできたのですが、年齢を重ねるにつれて小さいのに少し垂れてきて、背中に肉がついてきて、腕もぷよぷよ、お腹ぽっこり、お尻が垂れている……など、悩みが増えてきました。

いずみ先生に下着を選んでいただいた際、自分にはないと思っていた胸ができてびっくり！　それまでも、お店で試着してブラジャーを選んでいましたが、自分の胸に合っていなかったことが衝撃でした。

ガードルも気に入ったものを使っていたのですが、いずみ先生に選んでいただいたものをはいたところ、お尻の形が全然違っていて衝撃を受けました。

この変化が補正下着ではなく、ふつうに市販されている下着で起こるなんて……とびっくりの連続でした。

その後、本当に美曲線下着メソッドだけで体形が変わるのかを確かめたくて、食事制限や運動をいっさいせずにいたのですが、約6カ月後に見ていただいたときには、下着を着けない状態での体形がはっきりと変わっていて感動しました。

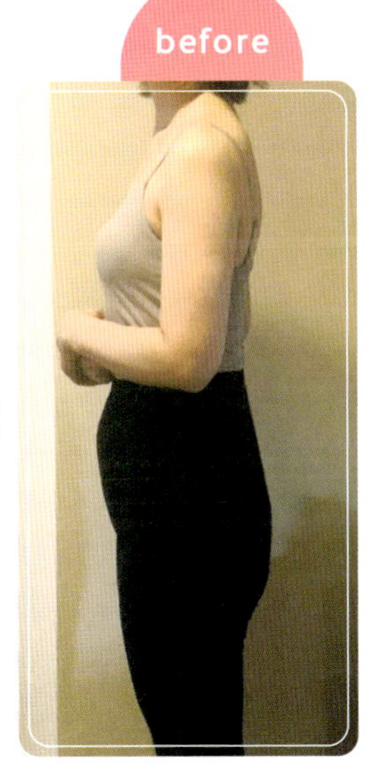

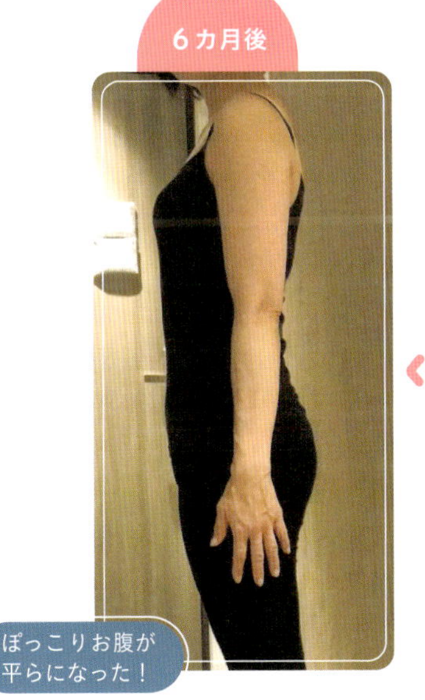

体重は変わらなくても、体形を変えれば、無理な食事制限や運動をしなくてもいいんだと思ったら、ダイエットに関心があまりなくなり、気持ちがラクになりました。

その後、周りから体形を誉めていただいたり、スタイル維持の秘訣を聞かれる機会が多くなりました。

体形が変わっていくと、自分の体も愛おしくなってきて、お手入れするのも楽しくなってくるものですね。

50代半ばから始めたメソッドで本当に体形が変わるのか半信半疑でしたが、あのとき、思い切って始めた自分を褒めてあげたいです。

自分史上、今が一番バランスのとれている体形だと思えるのがうれしいです！

美曲線
ボディメイク
体験談

4

3人の出産を経て、体形の老化を実感。子育て中でも結果がわかるから続けられる！

Rさん（42歳）

33歳から立て続けに3人出産（2学年差ずつ）。末っ子が卒乳した後のある日、鏡を見てあまりの体（とくに胸）の老化に気づき、愕然としました。

姿勢やウォーキングに関することを学び、姿勢や体形を少しは整えていたこともあり、だからこそ「この老化はもうどうしようもないだろう」という諦めの気持ちがありました。

そんなときにいずみさんをご紹介いただきました。当初は「自分の体に合う下着を知りたい」程度の気持ちでいましたが、コンサル開始前のカウンセリングで「放牧ちゃん」のお話を聞き、自分にぴったりと当てはまる部分が多かったこと、そしていずみさんの太陽のような明るさに惹かれて、コンサルを受けることを決めました。

全体的な体形を見て胸を少し触るだけで、下着売り場の膨大な数の下着の中から、まさにピンポイントの物を選んでこられたので本当にびっくりしました！

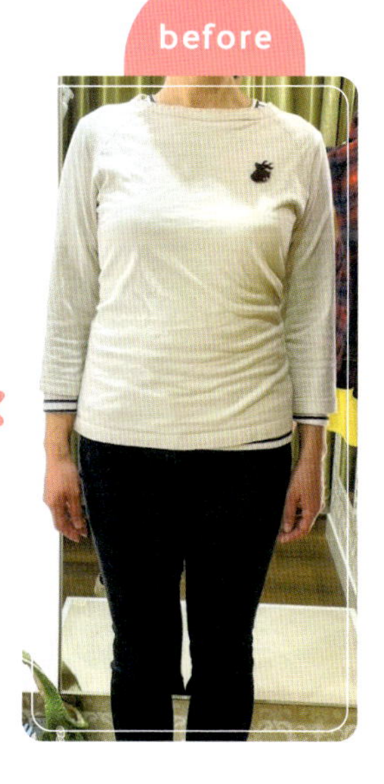

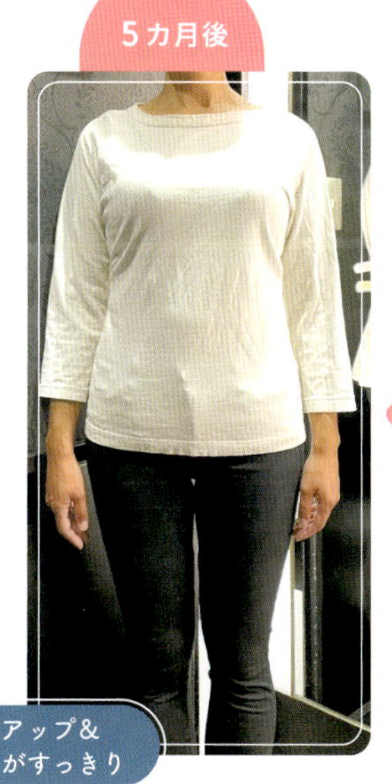

最初は自分の体に対する鈍感グセが抜けず、変化に気づくことができませんでしたが、オンラインフォローを受けた際、ビフォー・アフターの写真を並べていただき、**短期間でものすごい変化が起こっていたことに気づきました！**

そこからはさらにやる気のスイッチが押され、いずみさんの的確なアドバイスを受け、変化を楽しみに下着を着けることができるようになりました！

友人から「またやせたね！」と言われましたが、体重としては初コンサル時より2キロほど増加しています（笑）。

子育てのバタバタも加わり、万年三日坊主だった私ですが、メソッドに基づいた下着の着け方は続けられています。やはり、結果が目で見てわかるというのは継続の秘訣だと思います。

美曲線
ボディメイク
体験談
5

姿勢がよくなり二の腕もすっきり！ノースリーブに挑戦できた

きっちょむさん（56歳）

気になっていたのは二の腕のタプタプや腰回りのうきわ肉、そして猫背！「姿勢を直すとメンタルが変わり、QOL（生活の質）も上がる」と言われ、美曲線下着メソッドに興味を持ちました。

下着姿になるのはすごく恥ずかしかったのですが、いずみ先生がとっても優しく、素敵なガウンをかけてくださったのがうれしかったです。

ぴったりの下着を選んでいただくと、姿勢がよくなって背中がラクになりました。そして、お肉が減ったのか、腕のつけ根が上がってきたように感じます。思い切ってノースリーブにトライすることができました！

毎月行っている美容師さんには、行くたびに「変わったね！」と言われます。気持ちの面でも変化がありました。自分と向き合って大切にしている実感が湧いて、嫌なことはしない、がんばりすぎないというのを意識できるようになったこと。一般的な下着の選び方や着け方とはまったく違ういずみ先生のメソッド。ぜひ、すべての女性に知っていただきたいなと思います！

3カ月後　after　before

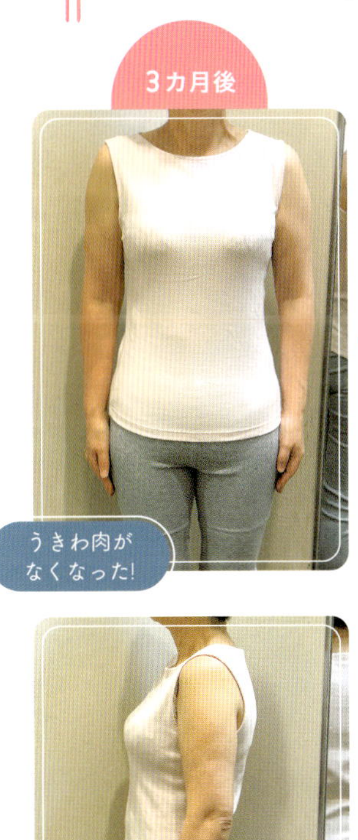

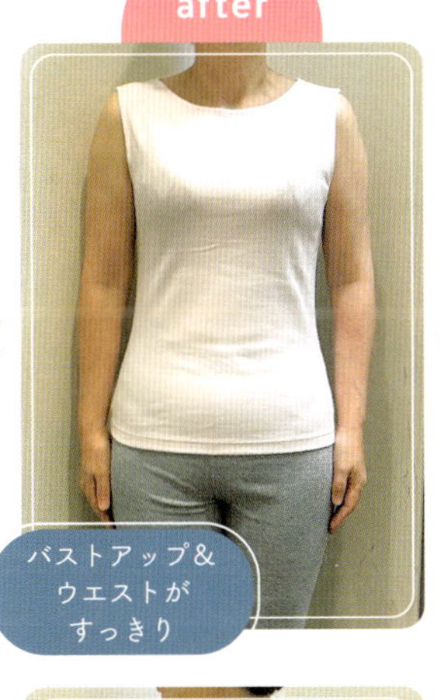

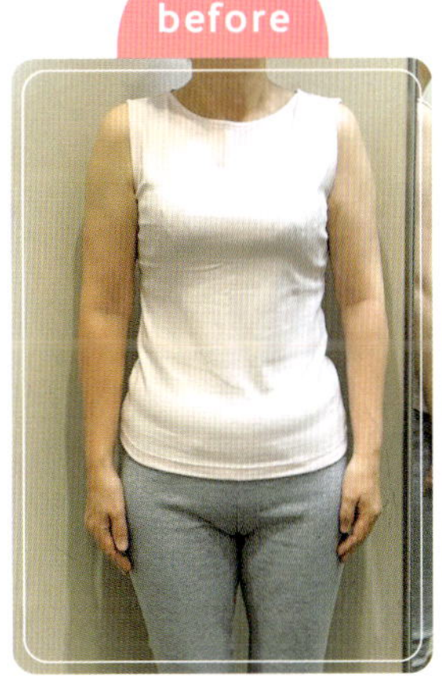

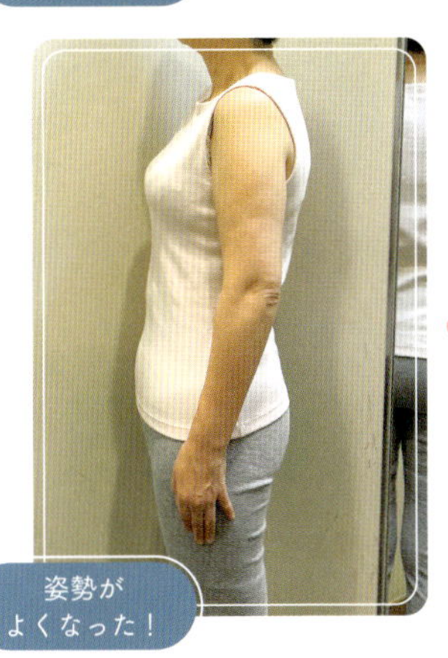

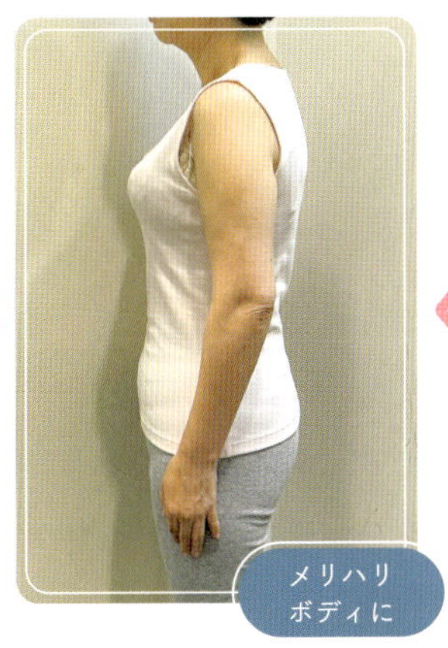

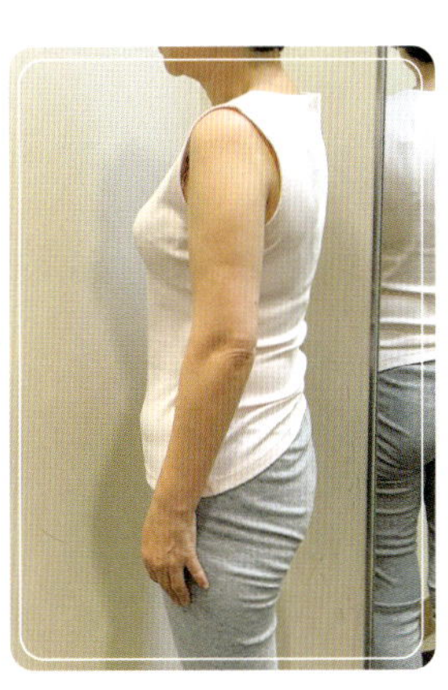

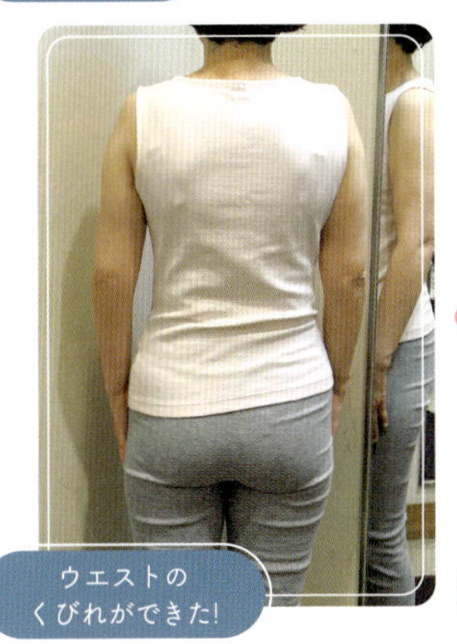

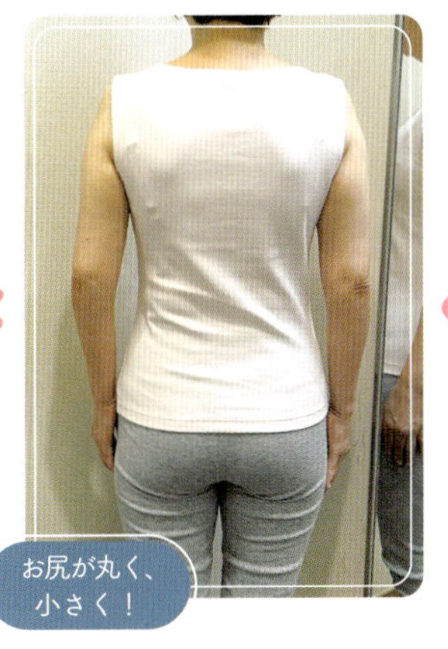

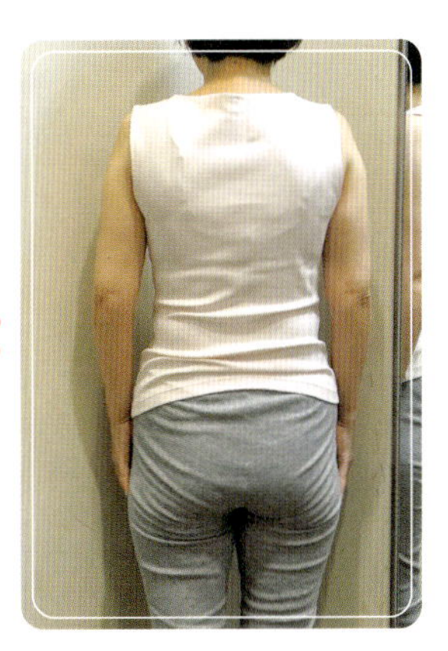

Message

今、私はここまで読んでくださったみなさんの顔を想像しながらこの文を書いています。

この本を手に取ってくださったのは、「自分のボディラインがもっとキレイになったらいいな」という願いからだと思います。

おそらく、それまでのあなたは、自分の下着姿を鏡でじっくり見ることもあまりしていなかったと思いますし、どちらかというと、「あんまりじっくり見たくはない」という気持ちだった方も少なくないのではないでしょうか？

そして、この本を読んでくださっている間に、こんなシーンがあったのではないでしょうか？

鏡を見ながらバストを持ち上げたときに、

「おおっ！　なんかウエストがすっきりしたぞ」

ステップに沿って下着を着けてみて、

「あれ、バストがふわふわになっていい感じ♡」

「なんか昔の自分に戻ったみたい……！」

そんなとき、みなさんの表情は「にっこり」していませんでしたか？

下着の着け方を変えただけなのに、自分の体を見てにっこりできる自分になれる。

これ、よくないですか？

そんな表情で毎日がスタートすると、人生が変わってきそうじゃないですか？

実際に、こんなクライアント様がいました。

何度もダイエットや運動を試みるも、何の成果も出ない。キレイな人を見ては落ち込み、成果が出せない、成果が出るまで継続ができない自分に頭の中はダメ出しだらけ。鏡を見るのが嫌。でも、どうしても自分を諦めたくない。でも……。

心はそんな思いを行ったり来たりしていたぽっちゃり体形の49歳、美香さん。

「このメソッドは、食事制限も運動もいらないっていうから、最後の望みとして来ました。それ、本当ですか？」

「本当ですよ♪　増えないようにはしてほしいけれど、減らす必要はありません」

そんな会話をしてデパートにお買い物同行に行ったのが5月。

ブラジャーはそれまでより3カップ上がったサイズで、お腹周りのラインを整えられるガードルをご提案してのメソッドスタート。

少しずつ、でも確実に、背中のお肉がすっきりしてくびれが現れてきました。ぽっちゃりさんにありがちな首肩の盛り上がったお肉が減って、首も長くなりました。

ご本人曰く、お相撲さんの胸みたいだったバストもまあるく変化してきました。

「以前と同じ服を着てみたら、シルエットが違う！」と写真を送ってくれたり、

Message

「オフショルダーの服、着たいけど絶対に無理だと思ってたの。でも買ってみたんだ！」とうれしそうに写真を送ってきてくれたりと、明らかに自己肯定感も上がってきていました。

そして1年後、体重は1グラムも減らないまま、彼女は別人のような背中を手に入れていました。

「私ね、自分のくびれを鏡で見るの、好きなの。結構いいじゃんって思うんだ」

鏡を見るのが苦痛だったと言っていた美香さんが、鏡を見ながらにっこりしているというのです。

「痩せられない自分はダメな人間だと思っていたけど、1グラムも変わらずに、全然がんばらずに、好きだと思う体になれた。私はダメな人間じゃなかったんだよね」

私はこらえきれずに泣いてしまいました。

自分にダメ出しをし続け、苦しかった美香さんが時空を超えて癒やされた瞬間のように感じました。

体重が同じでもボディラインが変わったら、こんなに自分を見る目が変えられるんですよね！　そして、やったことといえば下着の選び方と着け方を変えただけ。

努力やがんばりが伴わないことだったからこそ、過去のがんばれない自分を責

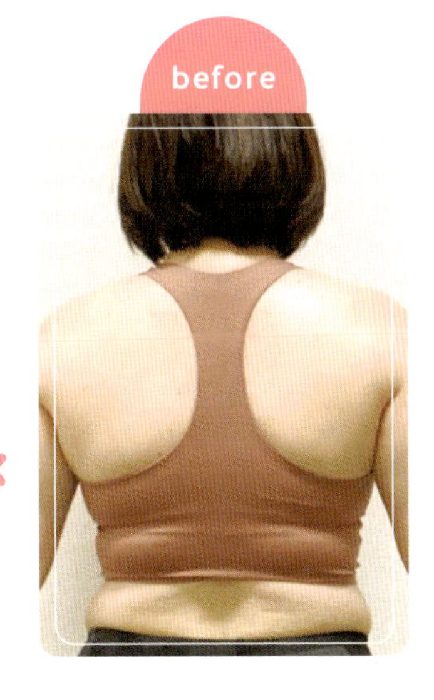

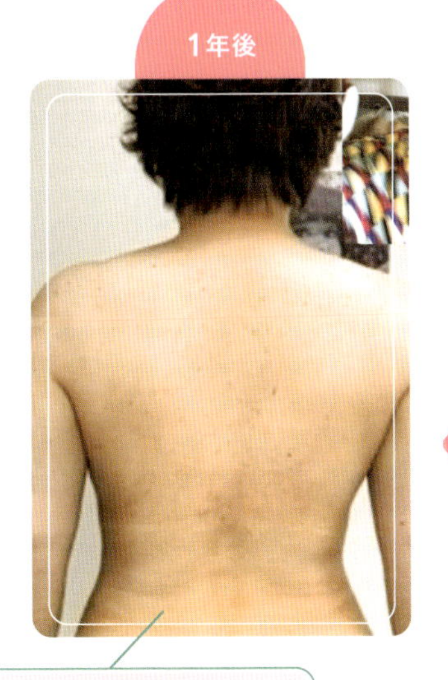

美香さんの1年の変化。
下着の選び方と着け方を変えた
だけでこんなに見違えました！

める気持ちをも手放すことができたんですよね。

毎日の下着を使って、体の「形」が変わっていく。

誰かが決めた理想の体形やモデルの体形じゃなくて、本来の、自分だけに授けられた美しいラインが現れてくる。

しかも、高価で特別な下着ではなく、ふつうの下着だけで。

あなたの体にどこまでも寄り添い、体が最大限に機能する状態を下着でアシストする美曲線下着メソッド®。本書はあくまでも基礎をお伝えしたに過ぎませんが、本書を通じてあなたの奥に眠る美曲線の存在を感じていただけたら幸いです。

ウッズ・いずみ

ウッズ・いずみ

美曲線下着コンサルタント
ファッションスタイリスト
愛される美ボディーデザイナー
3年間、補整下着の会社に勤務し、さまざまな体形の女性に対応するなかで、女性の体形が下着によって変化していく仕組みを知る。1年間のハワイ移住を機に、ふつうの下着でも補整下着の理論が通じるか自分の体で実験を始める。32歳から44歳までの13年間自身の体で検証してきた体形づくりのノウハウを「美曲線下着メソッド®」として構築。ふつうの下着の着け方を変えるだけで、ボディメイクできるメソッドのコーチングを開始する。幅広い年齢層の女性からの支持があり、何歳からでも体形が変わることを実証できるメソッドは、人気が高く、世界各地でセミナーを行っている。

Staff

装丁・本文デザイン
…… 細山田光宣+奥山志乃
（細山田デザイン事務所）
写真 …… 内山めぐみ
カバーイラスト …… 雨月 衣
巻頭マンガ …… きっちょむ
本文イラスト …… 中野こはる
モデル …… M
校正 …… 西進社
編集協力 …… 明道聡子（リブラ舎）
編集担当 …… 糸井優子（WAVE出版）

いつもの下着で体が変わる
すごいボディメイク

2024年12月27日　第1版第1刷発行

著　者　ウッズ・いずみ
発行所　株式会社WAVE出版
〒136-0082 東京都江東区新木場 1 丁目18-11
E-MAIL info@wave-publishers.co.jp
https://www.wave-publishers.co.jp

印刷・製本　株式会社シナノ パブリッシング プレス

NDC595　111p　21cm　ISBIN978-4-86621-501-3